現場のプロがわかりやすく教える

UI/UX Designer Training Course

UI/UX デザイナー養成講座

UI/UXの基礎からデータ作成やエンジニアとの連携まで

本末英樹 著

秀和システム

はじめに

　本書は、あなたのデジタルデザインを助ける「地図」となることを意図して書かれました。UIデザインとUXデザインの手法やプロセスを、幅広く、そしてわかりやすく解説しています。

　Webサイトやアプリケーションが日常生活に不可欠な時代になり、ユーザーインターフェイス（UI）の操作性やデザイン、ユーザーエクスペリエンス（UX）がますます重要になってきました。そのため、UI/UXデザイナーの需要が増えているものの、市場にはまだまだデザイン人材が不足しているのも事実です。その原因の1つには、UIデザインやUXデザインの勉強方法が難しいことが挙げられます。

　本書は、UI/UXデザイナーを目指す人はもちろんのこと、エンジニアや企画職などのビジネスパーソンに向けて、デザイン思考のプロセスやUIデザインのスキルを身に付けてほしいという思いから執筆されています。UI/UXデザイン初学者向けの内容になっており、UI/UXデザイナーとして必要になる広範な知識を、それぞれは浅いながらも幅広く、地図のように紹介しています。でも、まだ地図に載っていない島や大陸もたくさんあります。筆者自身もまだまだ学びの途中で、改善点があると思っています。もし間違いやアドバイスがあれば、ぜひ教えてください。

　本書は、UI/UXデザインの基礎的な知識やプロセスについて解説しているため、初学者にわかりやすい内容になっています。しかし、それぞれの章では1つ1つを詳しく説明することはできないので、筆者からの24個の宝箱として、個人的にお勧めの書籍を紹介しています。本書を読んで、もっと深く勉強したいと思ったら、それらの書籍も手に取って読んでみてください。地図にはなかった島や大陸の姿が見えてくるはずです。

　本書をきっかけに、さらにUIデザインやUXデザインを学ぶための航路が見つかれば、筆者にとって最大の喜びです。

本書のターゲット

　内容は、できる限り簡単に、また図をたくさん入れて楽しめるようにしているので、UI/UXデザイナーを目指している人はもちろんのこと、デザインについての知見がまだ足りないと感じている企画職やエンジニアの人でも、読んでいただけるものになっています。

・UI/UXデザイナーを目指している学生や初心者
・UI/UXデザインを勉強したいグラフィックデザイナーやWebデザイナー
・Webサイトやアプリケーションの運営担当者やディレクター
・Webサイトやアプリケーションを開発するエンジニア
・UI/UXデザイナーと協業する企画や営業、マーケティングなどのビジネス職

本書の範囲

　広義のデザインのプロセスから、UXデザイン、UIデザインの「お作法」、エンジニアとの連携、キャリアと、とても広範囲に渡って書かれています。それぞれのキーワードの説明は浅いものが多いですが、まずは全体像を知ってもらうことが初学者にはとって大切だと考えて、このようなコンセプトになっています。最初から読んでももちろん良いですし、気になるトピックからバラバラと好きに読んでも問題ありません。

　スマートフォンなどのモバイルアプリケーションのUIデザインをメインとしていますが、Webのモバイルについても少し触れています。プロダクトデザインのUIについては触れません。

資料について

　本書では、さまざまところで、Appleの『Human Interface Guidelines』とGoogleの『Material Design Guideline』を参照しています。この2つのガイドラインは、UI/UXデザインを行う上で、最高の教科書です。また、Figma Communityで公開されているデータやWikipediaに掲載されている情報を引用しているところもあります。こういった有用なデータを公開いただいている皆さまに感謝します。

　その他、UXの説明では「いらすとや」のイラストを、ペルソナの写真やユーザビリティテストのイメージ画像として「Unsplash」の写真を使っています。実際にUI/UXデザインを行う際にも活用させていただいています。ありがとうございます。

2023年3月　本末 英樹

もくじ

Chapter 1 ● UI/UX デザインとは

Chapter *2* ● デザインプロセス

Chapter 3 ● ナビゲーションとインタラクション

Chapter 4 ● デザインシステム

Chapter 5 ● データ作成とエンジニア連携

Chapter 6　キャリアと勉強方法

UI/UX デザインとは

1-1　UIとUXの違い

UIデザインとUXデザインは、Webサイトやアプリなどのデジタルプロダクトにおいて、重要な役割を果たしています。UI/UXデザインと併記されることが多いのですが、UIはユーザーインターフェイス、UXはユーザーエクスペリエンスの略で、それぞれ異なる役割を担っています。意味や役割は異なりますが、最終的な目的は、ユーザーにとって使いやすく、魅力的なデジタルプロダクトを提供することです。

ここでは、UIとUXの違いについて解説し、それぞれがどのような役割を担うかを説明していきます。

・UI/UXの必要性
　身の回りにあるものの「使い勝手」から、なぜUI/UXが必要であるかを説明します。
・UIとは
　具体的なUIの説明と、そこに含まれるユーザビリティについて説明します。
・UXとは
　UIと似ていますが、正確な定義と、具体的にどういうものなのかを説明します。

UI/UXの必要性

　あらゆるサービスがWebサイトやアプリケーションを通じて提供されるようになりました。操作性やデザイン、ユーザー体験がますます重要になっており、UI/UXというキーワードが、実際にビジネスの現場でも多く使われるようになっています。筆者が講師を務めるオンライン授業の「スクー」で受講生にアンケートをとったところ、UIデザイナーを目指している人はもちろんのこと、グラフィックデザイナー、エンジニア、企画職、営業、マーケター、公務員と、幅広い職種の受講生がいました。現在では、ビジネスの現場で、UI（User Interface：ユーザーインターフェイス）とUX（User Experience：ユーザーエクスペリアンス）の知識は、非デザイナーのビジネスパーソンにとっても必須といえるでしょう。筆者は制作会社や事業会社で働いてきましたが、UIデザインやUXデザインの意味が曖昧なまま、あるいは間違って使われている場面に多く遭遇しました。そのままプロジェクトを進めると、関わる全ての人の負荷が大きくなってしまいます。そのようなことがないように、本書を通して、改めて正しくUIデザインやUXデザインを学んでいきましょう。

■ 身の回りのUIとUX

　身の回りで、使いづらいUIや使いづらいUXとして思い当たるサービスや製品はあるでしょうか（正確なUIやUXの説明は、この後で説明するので、ここでは大まかに「使い勝手」と考えてください）。受講生に、そんな質問を出してみました。受講生の回答として、次のようなものが挙がりました。

・行政系サービス
・ECサイトのUI
・エレベーターの開閉ボタン
・バスの乗り換えアプリ
・コンビニのコーヒーメーカー
・3Dデータ作成ソフトウェア

　使いやすいものは自然に使えるので「使いやすさ」に気付きにくいものですが、使いづらいものは印象に残ってしまうということがわかるでしょう。

○ 使いづらいと思うUI、良くないUXの例

　使いづらいUIの例として個人的に挙げるとすれば、駅の切符券売機があります。今では交通系ICカードが普及し、切符を買うこともなく、ICカードやスマホを改札でかざして電車に乗ることができます。筆者が学生のころは、切符券売機上に大きな路線地図が貼られていて、現在地の駅から目的地を探し、切符の値段を調べていました。複雑な路線図だと目的地がなかなか見つけられず、電車を逃がしてし

まうこともありました。鉄道会社を乗り換えるためには連絡切符を買う必要があり、さらにハードルが上がります。当時は当たり前の切符の買い方でしたが、今となっては、こんなに不便な方法で切符を買っていたのかと驚いてしまいます。

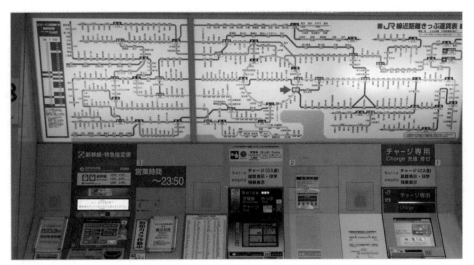

●図1-1　JRの切符券売機（JR東京駅）

　逆に「使いやすいUIや素晴らしいUXはありますか？」という質問もしてみました。会員登録の過程で、登録方法が難しく不親切だったために、腹立たしくなってすぐにアプリを消したような悪い体験もあれば、スマホアプリのUIが使いやすく、メインの銀行をわざわざ乗り換えたような良い体験もありました。受講生からもらった、使いやすいUIやすばらしいUX体験の回答をいくつか紹介します。

・iPhone Face ID
・セルフレジ
・QRコード決済
・銀行アプリ
・スマホの機種変更時のデータ移管
・AirDrop（Apple製品間のファイル送信機能）
・テレビ番組表からの録画
・スマートキー

○ 良いUXの例

　筆者が感動するUXとして挙げるサービスは、**メルカリ**です。メルカリは、日本国内のみならず世界に展開するフリマアプリで、Webサイトとスマホアプリで利用できます。自分の不要なものや、新品・未使用品などを出品し、個人間で売買できます。月間利用者2,000万人を突破しており、使ったことがある人も多いでしょう。

　それまでは、中古の商品をネットで売り買いするには「Yahoo!オークション」（ヤフオク!）などが多く使われていました。オークション形式なので、ほしい商品があっても（「即決」が設定されていなければ）1週間は待たなければならず、売るときも高く買ってもらうために、ある程度の販売期間を設けていました。メルカリが一般的になってからは、購入したいものは即決で購入でき、商品を販売するときも人気の商品であれば5分で売れることもあるそうです。筆者が漫画の全巻セットを出品したときも30分で売れてしまい、驚きました。しかし、感動するUXはそれだけではありません。

　1つ目は、出品者も購入者も安心な「匿名配送」です。相手に氏名や住所が開示されないので、プライバシーを気にせず、やりとりができます。心理的なハードルを下げて、参加しやすくなります。

　2つ目は「写真検索」機能です。「たまたま見かけた、あの靴が気になる！」「ほしいんだけど商品名がわからない！」といったときに使える機能で、ユーザーの写真データを元に1億点近くの出品データから見た目が似ている商品を検索できるというものです。いわゆる「AI」の技術を使った機能で、検索時だけではなく、ユーザーが商品を出品する際にも、商品の写真からブランドを特定し、出品名やお勧めの出品価格を提案してくれます。この機能を使うと、商品説明などにこだわらなければ、とても簡単に出品できてしまいます。

　3つ目は、発送手続きが簡単な「メルカリポスト」です。これは、販売取引が成立した商品を発送できる無人投函ボックスで、ドラッグストア・スーパーマーケット・駅構内など、全国各地のさまざまな施設の約1,000カ所（2022年6月時点）に設置されています。セルフの非対面で発送でき、伝票を手書きで書かなくて済むことも非常に便利です。

　このように、出品者も購入者も簡単にスマホでフリマに参加できるようになりました。「ネットでモノを売る」というのは、以前は限られた人が使っていたサービスですが、いまや普通の人が生活に欠かせないサービスになってきているといえます。また、メルカリは、今ではフリマだけに留まらず、スマホ決済の「メルペイ」やクレジットカードの「メルカード」と便利なユーザー体験の範囲を広げています。

 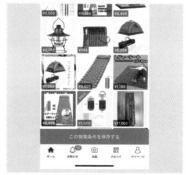

●図1-2　メルカリ（https://jp.mercari.com/）

　では、使いやすいと思うUI／使いづらいと思うUI、あるいは、良いUX／悪いUXの違いは、どこにあるのでしょうか。

UIとは

■ UI（ユーザーインターフェイス）

　UIは **User Interface** の略で、Interfaceとは **接点、接触面** という意味です。つまり、UIは「ユーザーと製品・サービスの接触面」を指し、「ユーザーの目に触れる・使用する部分」は全てUIと見なすことができます。声やセンサーなど、手を触れない部分もUIです。

　ユーザーインターフェイスは、多岐に渡ります。身の回りにあるユーザーインターフェイスには、何があるでしょうか。たとえば、テレビのリモコン、電子レンジの操作パネル、スマホやゲーム機といったものが挙げられます。

■ 使いやすいUIの定義とは

　製品やサービスにおける「使いやすさ／使いにくさ」をはかる尺度として **ユーザビリティ** という考え方があります。ユーザビリティの分野では、デザインを「有効さ」「効率」「満足度」の度合いで評価することが国際規格として正確に定められています。

■ ユーザビリティとは？

　ユーザビリティとは、「ユーザーが目標を達成できたかどうか」ということです。簡単にいうと「使いやすさ」と表せます。国際規格で、次のように定義されています。

> 特定のユーザが特定の利用状況において，システム，製品又はサービスを利用する際に，効果，効率及び満足を伴って特定の目標を達成する度合い。
>
> 国際規格「ISO9241-11:2018」

　ECサイトを例にして、それぞれについて説明します。

○ 有効さ

　ユーザーが指定された目標を達成する上での正確さ、安全性のことです。「お歳暮のお菓子を選んで問題なく購入できるかどうか」といったことです。ボタンが押せずに次のページに進めなかったり、任意の商品を探せないような状態は有効とはいえません。

○ 効率

ユーザーが目標を達成する際に、正確さと安全性に要した時間です。「住所の違う親戚や家族5人に同じお菓子を贈るときに、希望した時間内に購入が終わるかどうか」といったことです。たとえば、送り先の住所が登録でき、2回目から入力の手間が省けると効率が良くなります。

○ 満足度

サービスや製品を利用する際の不快感のなさ、また肯定的な態度です。つまり、「再び同じECサイトで商品を買いたいと思うかどうか」です。購入後のメッセージがていねいで親切だったから好感を持てたり、反対に不親切で不快に感じてしまったりという経験は皆さんもあるでしょう。

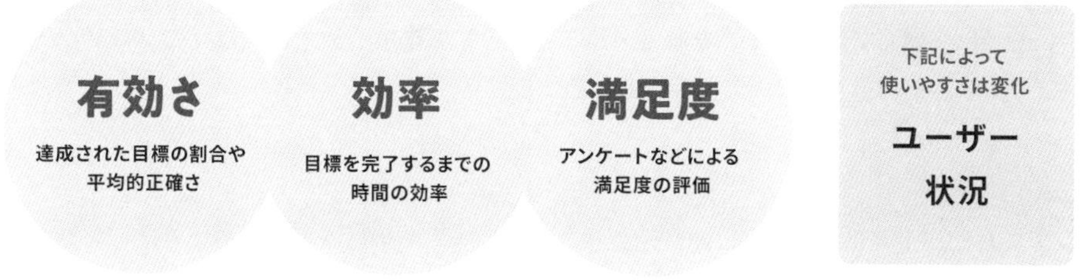

有効さ
達成された目標の割合や
平均的正確さ

効率
目標を完了するまでの
時間の効率

満足度
アンケートなどによる
満足度の評価

下記によって
使いやすさは変化
**ユーザー
状況**

● 図1-3　ユーザービリティとは

そして大事なのは、この3つのユーザビリティの要素に加えて、ユーザーや状況によって、その「使いやすさ」は変化するということです。20代の男性にとっては使いやすくても、90歳のおじいさんにも使いやすいものになっているでしょうか。家のソファでリラックスした状態では使いやすかったとしても、外出先で時間に追われた状態でも使いやすいといえるでしょうか。

また、使いづらいことは気になるものですが、使いやすいものは自然に使えているので何も思わないことが多いのです。とはいえ、普通に使えるということは非常に難しいことであり、そこにUI/UXデザイナーの存在価値があります。

■ ニールセンの5つのユーザビリティ特性

もう少し分解して、5つの側面に分けて説明しましょう。これは、Webにおけるユーザビリティ研究の第一人者であるヤコブ・ニールセン※1による分類です。

※1　https://ja.wikipedia.org/wiki/ヤコブ・ニールセン

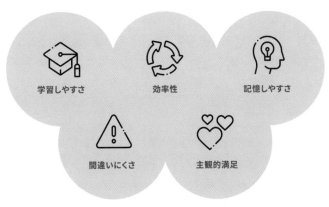

●図1-4　ヤコブ・ニールセンによるユーザビリティ特性の5分類

　このように5つに分解して使いやすさを測ってみると、とても理解しやすく、自社のプロダクトにも反映できそうです。それぞれについて説明していきましょう。

○学習しやすさ

　製品やシステムは、ユーザーがすぐに使い始めることができ、簡単に学習できるようにしなければなりません。最新の家電ではスマホで操作できる機能が搭載されているものがありますが、その操作が複雑で、わざわざ紙の取扱説明書を開かないといけないのであれば、学習しやすいとはいえません。

○効率性

　一度学習すれば、あとは高い生産性となるように、効率的に使用できるものでなければなりません。たとえば、アプリやWebページなどで何度も繰り返し使用するオペレーション的なタスクは、一度使い方を覚えてしまえば効率的に作業を行えます。

○記憶しやすさ

　しばらく使わなくても、再び使うときにすぐ使えるように覚えやすくしなくてはなりません。銀行のATMは、最初は戸惑うかもしれませんが、一度経験すれば次からスムーズに扱えます。

○間違いにくさ

　エラーの発生率を低くし、エラーが起こっても回復できるようにし、かつ致命的なエラーは起こってはいけません。たとえば、住所やクレジットカード情報を入力するフォーム画面では、間違った情報を入力しても致命的な問題が起こらないように設計されており、エラーが表示されても自分で原因を理解し、解決できるようになっていることが必要です。

○主観的満足

　ユーザーが満足できるように、そして好きになってもらえるように、楽しく利用できなければなりません。たとえば、Webでの面倒な年末調整の入力を例に説明すると、入力ステップの解説がていねいでストレスがなく進めることができ、入力が完了すると労いのメッセージが表示されるので達成感があるといったような具合です。

■ 「当たり前品質」と「魅力的品質」

　ユーザビリティに関する品質を考慮する上で**狩野の品質モデル**が参考になります[2]。狩野の品質モデルは、客観的側面としての物理的充実状況と主観的側面としての満足度を直交軸として設定し、品質を定義したものです。

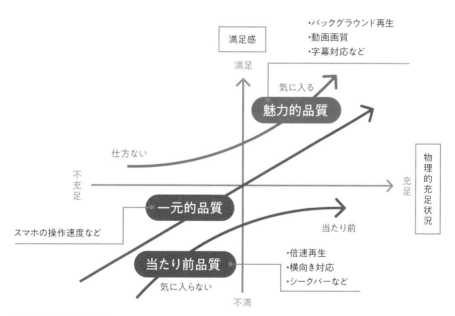

●図1-5　狩野モデル

　品質には3つのタイプがあります。1つ目は「当たり前品質」です。たとえば、普段からYouTubeをスマホアプリを使って見ている人は、「倍速再生」機能や「横向き動画再生」機能を当たり前に使っているでしょう。しかし、別のサービスのスマホアプリの動画再生に同じ機能が実装されていないと、そういったユーザーは使い慣れている機能がないので、「使いづらい！」と感じてしまいます。YouTubeでは高品質なさまざまな機能を提供していますが、それを自前で開発実装すると意外と大きな工数がかかり、また技術的にも困難がある場合もあります。このように、ないと不満につながり、あっても当たり前としか評価されないようなものを「当たり前品質」と呼びます。

※2　https://ja.wikipedia.org/wiki/狩野モデル

　2つ目は「魅力的品質」です。当たり前品質とは反対に、ユーザーにとってまだ当たり前ではない機能で、実装すると満足度が上がりやすい機能やデザインのことです。たとえば、動画が超高画質できれいであったり、自動音声認識によって自動的に字幕が表示されるといったことです。機能の内容によっては、開発工数もかからないなど、費用対効果が高い場合もあります。そういったものを「魅力的品質」と呼びます。

　3つ目は「一次元的品質」です。図の真ん中のグラフで、品質が高ければ、それに比例してユーザーの満足度が上がるようなものです。たとえば、画面の表示速度、データのローディング時間などは、早ければ早いほど、満足や充実につながります。

　機能開発が大変なのにユーザーの満足度が上がりづらい「当たり前品質」の機能もあれば、少ない開発工数なのに実装するだけで魅力がぐんと上がる「魅力的品質」の機能もあるので、どの機能をユーザーに提供するかは、しっかり検討して選ぶ必要があります。

　具体的な評価方法の例は、「2-6　評価」で紹介します。

UXとは

■ UX（ユーザーエクスペリエンス）

UXは **User Experience** の略で、「Experience」とは**体験、経験**を意味し、UXとは「ユーザーが製品・サービスを通じて得られる体験」を指します。サービスを利用する一連の行動の中で「ユーザーが感じたこと全てがUXである」と捉えてよいでしょう。たとえば、Webサイトの場合、デザインがきれい、フォントが読みやすい、お問い合せフォームや購入ページまでの導線がわかりやすいといった表層的な部分から、商品を注文したらすぐに届いた、対応がていねいだった、商品のクオリティが高いというようなサービスの質に関わる部分も「UX」です。国際規格では次のように定義されています。

製品、システムまたはサービスを使用した時、および/または使用を予測した時に生じる個人の知覚や反応

国際規格「ISO9241-210」

UXデザイン（UXD）とは、ユーザーがうれしいと感じる体験となるように、製品やサービスを企画の段階から理想のユーザー体験（UX）を目標にしてデザインしていく取り組みとその方法論です。最近ではUXデザインのアプローチが広まり、UXデザインを実践することが当たり前になりつつあります。また、デザイナーだけではなく、さまざまな職種で必要な知識にもなっています。

UXデザインが求められる背景としては、単純にコンテンツ（モノ）が良いだけでは差別化できなくなっている時代に、体験（コト）が大事になってきていることが挙げられます。UXデザインは、もはや経営課題になっていて、UXデザインの能力が企業の収益を左右するともいわれています。

文章で説明しても、「結局、UXって何なのだろう」と思った人もいるかもしれません。そこで、ユーザーエクスペリエンス（UX）のわかりやすい例を紹介しましょう。THE GUILD CEOの深津 貴之さんの記事「超わかる！ユーザーエクスペリエンス（雑）」を参考に、筆者は生まれが福岡なので、福岡人の愛する「ごぼ天うどん」を食べる際のUXを例に説明します。

コンテンツ　　　　　インターフェイス　　　　エクスペリエンス

コンテンツに最適なインターフェイス

箸を使えば、
熱々のうどんも
おいしく
食べられる

インターフェイスが適していないと……

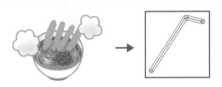

熱々のうどんを
ストローで食べると
火傷する

人が変わればインターフェイスも変わる

箸が使えない子供
にはフォークが必要

食べごろも肝心

食べるのに
時間がかかると、
うどんが冷めて
しまう

●図1-6　同じモノやコトでも、受け手によってUXは違ってくる※3

　シンプルにUXを示すと、「ごぼ天うどん（コンテンツ）を、お箸（インターフェイス）で食べたら、おいしかった（エクスペリエンス）！」と説明できます。「コンテンツ」に当たる部分は、食べ物や動画などのモノから、スポーツやショッピングなどのサービスや体験なども含みます。エクスペリエンスの質は、大きくコンテンツ、インターフェイス、エクスペリエンスの3つで変わってきます。

　1つ目はインターフェイスです。どれだけおいしいごぼ天うどんでも、ストローで食べなさいとい

※3　参考：深津 貴之（fladdict）『超わかる！ユーザーエクスペリエンス（雑）』（https://note.com/fladdict/n/n3fdcc5f6d9d4）

われると、火傷してしまいますし、そもそもうまく食べられません。2つ目はエクスペリエンスです。おいしいごぼ天うどんでも、3歳の子供であればまだ箸をうまく使いこなせないので、悪い体験になってしまいます。子供でなくても、海外出身で箸がうまく使えない場合も想定できます。3つ目はコンテンツです。当たり前ですが、作ってからしばらく時間が経ってしまい、ごぼ天うどんが冷えてしまっていては、おいしく食べられません。あるいは、猫舌の人であれば、少し冷めたうどんのほうが良い体験になるかもしれません。

■ 良いUXの定義って何？

良いユーザー体験は、ユーザビリティの視点に加えて、時間軸、環境軸、人間軸の3つの視点に分解して判断できます。まず1つ目の時間軸は、ユーザーの利用文脈も考慮し、製品を使い始める前や使い終わったあと、あるいは数年使い続けた場合にどうなるかといった視点です。2つ目の環境軸は、野外で使うのか室内で使うのか、緊急時に使うのか家のリビングでくつろぎながら使うのかといった視点です。3つ目の人間軸は、人の感性や感情、多様性を考える視点です。UXデザインの評価は、3つの視点とユーザビリティが足されて行われます。

時間軸	環境軸	人間軸	＋	ユーザビリティ
使用の前後を含めた長時間の時間	場所やその場の状況	人間の感性、多様性、可変性		有効さ 効率 満足度

●図1-7　UXデザイン3つの視点

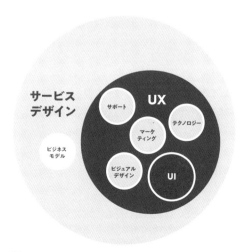

●図1-8　UXとUIの関係

本書も含めて「UI/UX」といったように表記されることも多いのですが、UIとUXは意味や範囲が全く異なるので、並べることに異論もあります。しかし、UIとUXは表裏一体の関係にあり、決して切り離せない関係です。社内やプロジェクトのメンバーにUIデザイナーとは別にUXデザイン領域の担当者がいたとしても、UIデザイナーにもUXデザインのプロセスの理解や知識が必要です。小規模なプロジェクトや、初期段階で専門のデザイナーがいない場合などは、UIデザイナーがUXデザインまで担当することが多いので、UXデザインの理解も非常に大切です。

○ジョーダンの階層モデル

Philips Experience Design で働いていたパトリック・W・ジョーダンは、著書『Designing Pleasurable Products: An Introduction to the New Human Factors』の中で、「マズローの欲求5段階説」になぞらえて、消費者ニーズを階層化したモデルを提唱しました。ジョーダンのモデルでは、「ユーザビリティ」を真ん中の要素として配置し、大前提となる土台として「機能」があり、それを使えることで、ようやく「うれしさ」などの体験（UX）につながるという構造になっています。機能があっても使えないと意味がなく、使えないとそもそも「うれしい」という体験に到達しないということです。

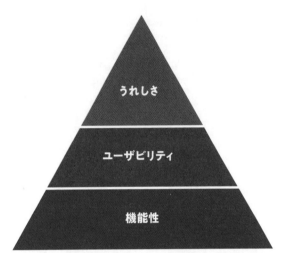

●図1-9　ジョーダンによる消費者欲求の階層モデル[4]

UXデザインの尺度には、他にもブランドイメージや愛着、使う喜びも関係してきます。多少使いづらくても、好きなブランドだったら使い続けるといった具合です。反対に、とても使いやすかったとしても、嫌いなブランドのサービスであれば使ってもらえません。

○UXの期間モデル

2010年にドイツでユーザビリティ専門家を集めたワークショップが開催され、その結果が『UX白書』[5]として一般公開されました。そして、その中に、UXの期間について注目した**UXの期間モデル**があります。UXの期間モデルでは、「予期的UX」「一時的UX」「エピソード的UX」「累積的UX」の4種類に分けられています。

※4　出典：『Designing Pleasurable Products: An Introduction to the New Human Factors』より、著者作成

※5　https://experienceresearchsociety.org/wp-content/uploads/2023/01/UX-WhitePaper.pdf（日本語訳版：http://site.hcdvalue.org/docs）

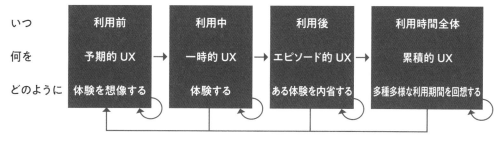

●図1-10　UXの期間モデル

・予期的UX
　利用前に体験を想像するフェーズ。テレビコマーシャルを見たり、SNSでクチコミを読んだりして、サービスや製品を使う体験を想像すること。

・一時的UX
　利用中に体験するフェーズ。スマートフォンのアプリケーションであれば、初めて触ったときの操作性やコンテンツを体験すること。

・エピソード的UX
　利用後にある体験を振り返るフェーズ。ECサイトで、ほしい商品を探したがうまく見つけられなかったなど、1つの体験を振り返ること。

・累積的UX
　全ての利用体験を振り返るフェーズ。サービスや製品の出会いから利用後に友人に感想を話すなど、全ての体験を振りかえること。

○UXの定義は曖昧

　UIデザイナーやUXデザイナーは、仕事の中でUXという言葉を安易に使わないようにしています。UXは定義や範囲がとても大きいので、それぞれの人が想定している「UX」がどの部分を指しているかがとても曖昧だからです。たとえば、UXデザインの3つの視点で述べたように「時間軸」「環境軸」「人間軸」と「ユーザビリティ」の要素で、具体的にどこを指しているかを分解して議論する必要があります。また、UXの期間モデルでも述べたように、時間軸でも利用前・利用中・利用後・利用時間全体のどこでUXが悪かったのかを分けて考える必要もあります。サービスや製品の「UX」の良し悪しを議論する場合は、具体的にどこを指しているのかも合わせて説明をするように心がけてください。

　ユーザーエクスペリエンスという言葉は、当時Apple Computerでヒューマンインターフェイスの研究者だったドナルド・ノーマン博士の発表によって広く知られるようになりました。後にドナルド・ノーマン博士は、ユーザーエクスペリエンスという言葉を考案した理由は、「ヒューマンインターフェイスやユーザビリティは狭すぎると思った。工業デザインのグラフィック、インターフェイス、物理的なインタラクション、マニュアルなど、人がシステムで体験する全ての側面をカバーしたかった。この言葉は広く普及したが、もはや意味を失い始めている」[6]と述べています。

※6　https://blog.adobe.com/en/publish/2017/08/28/where-did-the-term-user-experience-come-from

1-2 UIデザイナーの仕事

　UIデザイナーやUXデザイナーは、一体どんなスキルを持った職業で、どんな業務を行うデザイナーなのでしょうか。UIデザイナーと領域が被る、またはほぼ同じスキルセットを持ちながらも、呼び名が異なるデジタルプロダクトデザイナーやインタラクションデザイナーという職種もあります。

　現代のビジネスにおいて、UI/UXデザイナーはますます重要な存在となっており、多くの企業が採用を強化していますが、どんなスキルが求められているのかを見ていきましょう。

・UIデザイナーの仕事
　UIデザイナーの仕事内容と、そのために求められるスキルを考えていきます

・いろいろなデザイナー
　「○○デザイナー」と呼ばれる職種は、ほかにもたくさんあります。また、同じようなスキルが求められる職種もあります。それぞれについて、簡単に説明します。

UIデザイナーの仕事

■ UIデザイナーは何する人？

　ユーザーにとってわかりやすく、使いやすいUIを考えるのが仕事です。UIデザイナーが具体的にどんな仕事の範囲を受け持つかを「UXの5段階モデル」で説明しましょう。UXの5段階モデルは、ユーザー体験を構成する要素を5つに分解したものです。その要素は、戦略などのビジネス視点から始まり、実際にユーザーが目に触れるビジュアルデザインまで、広く挙げられています。

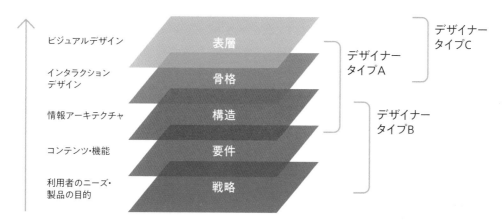

●図1-11　UXの5段階モデル※7

　ここでは、デザイナーのタイプを「A」「B」「C」の3つに分けています。一般的なUIデザイナーは構造や骨格のフェーズでデザインに関わることが多いのですが、戦略から関わる場合もあります。これは、所属している会社のニーズやデザイナーの得意分野などによって、どこまで関わるかが変わってきます。たとえば、情報アーキテクチャ（情報設計）からビジュアルデザインまで広く関わる「タイプA」のデザイナーもいれば、利用者のニーズのリサーチや製品の目的を計画する「戦略」からサイトやアプリケーションの情報設計までを行う「タイプB」のようなUXデザイナーもいます。また、インタラクションやアニメーションに特化したスペシャリストの「タイプC」のUIデザイナーも少なくありません。

※7　出典：ジェシー・ジェームズ・ギャレット著『The Elements of User Experience —5段階モデルで考えるUXデザイン』より著者作成

○Webデザイナーとは UI デザイナーの違いとは

　Webデザイナーは、コーポレートサイトやランディングページといったプロモーションなどのグラフィカルなページをデザインすることが多いでしょう。UIデザイナーは、サービスサイトやECサイト、アプリケーションなどのデザインをすることが多いです。また、Webデザイナーと一括りにいっても、HTML/CSSコーディングやJavaScriptプログラミング、ディレクションなど、こちらも業務の範囲が広いので、いろいろなタイプや役割のWebデザイナーがいます。会社やプロダクト、サービスによって役割も変わってきます。

■ UI/UX デザイナーのニーズ

　最近では、**DX**（Digital Transformation：デジタルトランスフォーメーション）の取り組みが各分野で加速していますが、それを実現する人材として「UI/UXデザイナー」が挙がっており、ますますニーズが増しています。そのことからもわかるように、UI/UXデザインのリテラシーは、DXを推進する企業の全ビジネスパーソンの必須項目になっていくでしょう。

　2022年に、経済産業省と独立行政法人情報処理推進機構（IPA）は、企業・組織のDXを推進する人材の役割や習得すべきスキル[8]を定義しました。それによると、UX/UIデザイナーは、次のように定義されています。

バリュープロポジション<注>に基づき製品・サービスの顧客・ユーザー体験を設計し、製品・サービスの情報設計や、機能、情報の配置、外観、動的要素のデザインを行う

<注>バリュープロポジション：顧客が求める価値を把握した上で、ビジネスのケイパビリティを踏まえて決定される、
　　企業が製品・サービスを購入する顧客に提供する利益や、顧客がその製品・サービスを買うべき理由

　また、「ビジネス変革」のカテゴリーでは、「デザイン」の職種は、次に示した表1-1のように細分化されています（太枠部分）。

※8 「デジタルスキル標準」をとりまとめました！（https://www.meti.go.jp/press/2022/12/20221221002/20221221002.html）

●表1-1　DX推進スキル標準 - 共通スキルリストの全体像

カテゴリー	サブカテゴリー	スキル項目
ビジネス変革	戦略・マネジメント・システム	ビジネス戦略策定・実行
		プロダクトマネジメント
		変革マネジメント
		システムエンジニアリング
		エンタープライズアーキテクチャ
		プロジェクトマネジメント
	ビジネスモデル・プロセス	ビジネス調査
		ビジネスモデル設計
		ビジネスアナリシス
		検証（ビジネス視点）
		マーケティング
		ブランディング
	デザイン	顧客・ユーザー理解
		価値発見・定義
		設計
		検証（顧客・ユーザー視点）
		その他デザイン技術

■ UIデザイナーに採用で求められるスキル

　デザインファームの採用募集要項を見ると、求められるスキルが明記されていることがあります。ツールスキルはもちろんのこと、プレゼンテーションや企画書作成のスキルも求められています。

●図1-12　UIデザイナーとして求められるスキル

019

　UXデザインはUXデザイナーの仕事ではあるものの、UIデザイナーはUXデザインのプロセスを理解してUIをデザインする必要があります。図1-12の青のスキルは必須条件として書かれていることが多く、水色のスキルはあったらなお良いという条件として書かれています。これらのスキルは広範囲に渡りますが、実際の現場では求められているものばかりです。スキルとして持っていなくても、キーワードとして知っていることは必須でしょう。

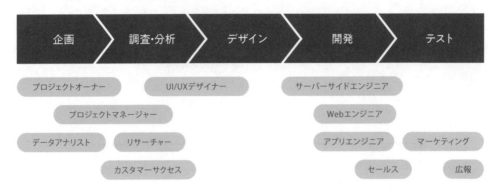

●図1-13　プロジェクトと関係者

　デザイナーの役割と範囲を5段階モデルで説明しましたが、UIデザイナーがどの範囲やフェーズまでカバーして行動するかによって、どんなステークホルダー、またはプロジェクトメンバーと協業するのかも変わります。図1-13を見ると、自分がUI/UXデザイナーだとすると、11の職種の人と関わることがわかります。それぞれのメンバーとコミュニケーションをするには、専門的なスキルと併せて、共通の言葉でコミュニケーションできる必要もあります。データアナリストとデータ分析について話すときの専門用語や意味を理解できているか、カスタマーサクセスとはどうか、あるいはアプリエンジニアとは……。デザイナーの役割としては、手を動かすことだけではなく、各ステークホルダーとコミュニケーションできることも大事なスキルです。

いろいろなデザイナー

　会社によってはデザイナーの領域が明確に分かれているところもあれば、小さな事業会社やスタートアップや制作会社ではいくつかの領域を1人のデザイナーが担当する場合も多くあるでしょう。「UIデザイナー」という同じ肩書きでも、求めるスキルが全く違うこともあり、本当にさまざまです。

　また、デザイナーと名前の付く肩書きは数多くありますが、違いがわからないという相談をされることもよくあります。その他にも、自分がなりたいデザイナー像と、会社が求めているデザイナーのスキルや役割が違うという場面も多々あります。

　ここでは、UI/UXデザイナー以外に、どのような職種があるのか、一般的な職種名と役割をいくつか紹介しましょう。

○UXデザイナー

　UXデザイナーの主な仕事は、リサーチから始まり、ペルソナの作成、カスタマージャーニーマップ、ワイヤーフレームやプロトタイプの作成まで、サービスや製品に関連するあらゆるユーザー体験のデザインを行うことです。

○UIデザイナー（またはインタラクションデザイナー）

　UIデザイナーは、UIコンポーネントやビジュアルデザインを行います。通常、UIデザイナーは、インタラクション、インターフェイス、ワイヤーフレーム、プロトタイプ、スタイルガイド、デザインシステムなどを作成します。インタラクションデザイナーとの違いは、あまりありません。

○UI/UXデザイナー

　UI/UXデザイナーの主な役割と責任には、文字通り、UXデザイナーとUIデザイナーを兼ねるので、両方の仕事が含まれます。

○デジタルプロダクトデザイナー

　デジタルプロダクトデザイナーは、UI/UXデザイナーの役割に加えて、ブランディングやコミュニケーションデザインといった製品やサービスに関わる全てのデザインに及びます。小規模な企業やデザインチームを立ち上げたばかりの企業では、広い範囲のデザインを1人でカバーするので、デジタルプロダクトデザイナーと呼ぶことが多いようです。筆者も、現在は50人規模のスタートアップ企業で5人のデザインチームに所属していますが、デジタルプロダクトデザイナーという職種で働いています。

○インフォメーションアーキテクト

　インフォメーションアーキテクトは、Webサービスやアプリケーションの情報構造の設計（IA）を行います。情報の優先度を整理し、ユーザーへ情報をわかりやすく伝え、また情報を探しやすく設計することが仕事です。

○プロダクトデザイナー

プロダクトデザイナーの主な役割と責任は、通常、UXデザイナーの仕事とUIデザイナーの仕事の両方が含まれます。UI/UXデザイナーとの違いは、あまりありません。

○モーションデザイナー

モーションデザイナーは、アニメーションとマイクロインタラクションに焦点を当てた作業を行います。アプリやWebサイトの要素間のスムーズな画面遷移を実現するのが仕事です。

○Webデザイナー

Webデザイナーは、Webサイトをデザインすることが仕事です。この役割の主なスキルと要件は、HTML、CSS、JavaScript、およびWebデザインの原則に関する基本的な知識です。 また、STUDIOなどのノーコードプラットフォームを使用して、自分自身で作成することもあります。

○UXライター

UXライターは、ユーザーが最適な判断を下せるように、わかりやすく短い文章やUIラベルを書いたり、ライティングのボイス＆トーン設計を行います。制作物の目的と対象を理解した上で、カジュアルな文章にするのか、固めの文章にするのかなどを決め、テキストを作成する専門性の高いコピーライターです。

○UXリサーチャー

UXリサーチャーは、製品設計のプロセスに役立つデータを収集し、評価するために、対象となる消費者を徹底的に調査します。一般に、定性調査（ユーザーが製品を使用する際にどのように感じるか、またはゴールを達成するためにどのような問題があるか）と定量調査（認知度、購買量、購買金額、顧客満足度のような明確に数値にできるデータの調査や分析）の2種類の調査を行います。 アンケート、エスノグラフィ（観察）、ユーザーインタビュー、ユーザビリティテストなどを行い、データの収集や評価を行います。

○デザインリサーチャー

デザインリサーチャーはリサーチ結果を、戦略からサービスやプロダクトまで落とし込みます。戦略、ブランディング、サービスデザインの指針となる方向性を示すための専門家として、さまざまなバックグラウンドと専門性を持ったメンバーとチームを組んでリサーチをリードします。

○デザインストラテジスト

デザインストラテジストは、プロダクトやサービスをデザインする際に、そのデザインがビジネスや市場の戦略にどのように貢献するかを考え、デザインを統合した戦略を立案する専門家です。デザインストラテジストは、デザインだけではなく、組織、パーパス、ビジネス、マーケティング、テクノロジーなどのさまざまな観点からデザインを分析し、その結果を元にデザインを企画します。

○グラフィックデザイナー

グラフィックデザイナーは、ビジュアルデザインの領域を専門とするデザイナーです。主にロゴデザイン、ビジュアルデザイン、VI構築、パッケージデザインなどを担当します。

デザインプロセス

| 2-1 | デザインプロセス |

　時代の変化に伴い、デザインの役割も大きく変化し、そして、より求められるようになってきています。デザインという言葉は身の回りに溢れていて、良く耳にするし、使ったりもしているでしょう。「その服のデザイン、かっこいいね！」「あのアプリのデザインは、すっきりしていて見やすい」といった具合です。

　では、そもそもデザインとは何でしょうか。グラフィックデザイン、ファッションデザイン、空間デザイン、3Dデザイン、モーションデザイン、インダストリアルデザインなど、デザインにもさまざまあります。まずはUIデザインの全体像を把握し、具体的なデザインプロセスを学んでいきましょう。

　ここでは、UIデザインに着手する前と後も含めたプロセスを「デザイン思考」という考え方と創造的な問題解決の手法について紹介します。プロセスの中では、UIと深く関係しているUXデザインについても触れていきます。

・**時代の変化**
　「デザイン」という言葉も、時代とともに変わってきました。その変遷を振り返るとともに、今求められているデザインの姿を考えてみます。
・**デザイン思考**
　VUCAの時代と呼ばれる今だからこそ力を発揮する「デザイン思考」という考え方を「ロジカル思考」と対比しながら、説明します。
・**人間中心設計**
　デザイン思考を支える開発プロセスの概念である「人間中心設計」について紹介します。

時代の変化

■ そもそもデザインって何だろう

デザインは名詞でしょうか、それとも動詞でしょうか。「その服のデザインはオシャレですね」は名詞で、「組織をデザインする」といった場合は動詞です。日本では名詞として使われることが多いのですが、英語圏では動詞として使われます。英語では「設計する」「企てる」の意味で、「サービスデザイン」「組織デザイン」など、広義の意味で使われます。

言葉は時代とともに意味が変わるものですが、デザインという言葉も例外ではなく、複数の意味が積み上げられています。また、人によっても、定義が異なっています。いくつかの定義を見てみましょう。

> 「常にヒトを中心に考え、目的を見出し、その目的を達成する計画を行い実現化する。」この一連のプロセス[1]
>
> 日本デザイン振興会

> ものや情報に関する構成要素の配置を計画的に決定する行為[2]
>
> 科学技術政策研究所

つまり、デザインとは見た目のことではなく、意図やプロセスや意図までも含めて形にすることといえるでしょう。

■ モノからコトへ、そして…

デザインの思考を取り入れるメリットとは何でしょうか。ユーザーのニーズを歴史に1850年から時代に沿って図にしました。

※1　デザインとは？（https://www.jidp.or.jp/ja/about/firsttime/whatsdesign）
※2　平成20年度 民間企業の研究活動に関する調査報告（https://nistep.repo.nii.ac.jp/?action=pages_view_main&active_action=repository_view_main_item_detail&item_id=4457&item_no=1&page_id=13&block_id=21）

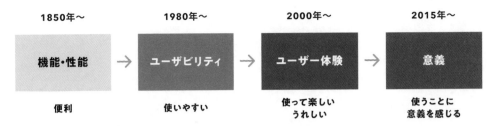

1850年〜	1980年〜	2000年〜	2015年〜
機能・性能	ユーザビリティ	ユーザー体験	意義
便利	使いやすい	使って楽しい うれしい	使うことに 意義を感じる

●図2-1　UXの成り立ち[※3]

◯1850年〜：機能・性能

機能や性能だけで差別化になる時代です。たとえば、自動車が発明された当初は、動くだけで十分に売れました。

◯1980年〜：ユーザビリティ

自動車が量産されるようになると、そこにさらに使いやすさが求められるようになります。性別・年齢・体形などを問わず、簡単に誰でも運転できるような使いやすさが求められます。

◯2000年〜：ユーザー体験

使いやすいことが当たり前になると、そこに楽しさが追加されるようになりました。自動車の色や形など、ユーザーの個性に合わせて好きなものを選べるのは当然のことで、自動車に乗る前、乗った後の体験までもが重要になってきます。

◯2015年〜：意義

ユーザー体験のその先へを見据えたものが求められるようになります。ユーザー体験が良いことも当たり前の時代になると、なぜそのサービスを使うのかという意義が問われる時代になってきました。モノを作る会社の**ビジョン**や**パーパス**が大事になっています。

■ MVV（ミッション・ビジョン・バリュー）

MVVとは、「Mission・Vision・Value」の頭文字をとった略語です。企業の目指す方向性を示し、事業の成長に向けて羅針盤のような役割を果たします。

・**ミッション**：企業がなぜそのビジネスを行っているのか、企業の存在意義
・**ビジョン**：企業が何を目指すのか、会社が目指すべき理想の姿。中長期の目標で、会社の成長フェーズや時代に合わせて変わる
・**バリュー**：どのように目指すか、会社が大切にする価値観や行動指針

※3　出典：「西澤 明洋 できる！デザイン経営塾　これからのデザイン経営の話をしよう！」（ゲスト：Takram 田川欣哉）（https://schoo.jp/class/6977/）より、著者作成

■ パーパス

　近年、ミッションやビジョンとは別に、企業が社会においてどのような責任を果たすかを「パーパス（purpose）」として掲げる企業が増えています。purpose は目的や目標という意味ですが、この場合は少し異なり、「存在意義・志」と解されます。つまり、ユーザーのニーズを満たすだけではなく、ビジネスや取り組みが社会や地球にとって意味のある存在なのか、良いものなのかといったことを示します。

　MVV は自分達が何をすべきか、なぜ存在しているかといった企業の一人称的な視点であり、パーパスは社会全体から見た三人称的な視点といえます。

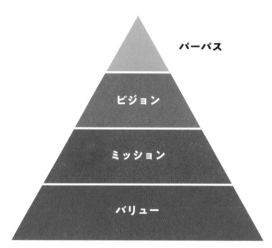

●図2-2　MVV（ミッション・ビジョン・バリュー）とパーパス

■ 例：LUSH

●図2-3　LUSHの企業ステートメント※4

　LUSHは、イギリスに本社を置く、ハンドメイド化粧品、バス用品メーカーです。バスボムを買ったことがある人もいるでしょう。企業サイトでLUSHが大切にしていることとして、環境保全、動物実験反対など、バリューやポリシーを掲げています。そして、その信念とはズレるとして、いくつかのSNSを使わないことを発表しました。PRやブランディングとして、SNSの1つを使わないと宣言したことは経営にダメージを与えるかもしれない大きな決断でした。しかし、これがファンを増やす行動にもつながりました。筆者もその1人です。

※4　https://weare.lush.com/jp/lush-is-becoming-anti-social/

■ 例：「デザイン経営」宣言

経済産業省・特許庁は、2018年に「デザイン経営」を宣言しました[5]。「デザイン経営」の効果とは、デザインを重要な経営資源として活用し、ブランド力とイノベーション力を向上させることで、企業競争力の向上させるものであると定義しています。

デザインといっても、ブランド構築に資するデザインと、イノベーションに資するデザインの2つの軸に分けることができます。事業会社では、ブランドに関わるグラフィックデザインやコミュニケーションデザインのブランドチームと、プロダクトデザインやサービスデザインなどのイノベーションに関わるチームに分かれていることもあります。

●図2-4　特許庁はデザイン経営を推進しています

デザイン経営の実践には、「経営チームにデザイン責任者がいること」「事業戦略構築の最上流からデザインが関与すること」の2点が必要条件とされています。

ビジネスにおける「デザイン」の役割
さらに、デザインは、イノベーションを実現する力になる。なぜか。デザインは、人々が気づかないニーズを掘り起こし、事業にしていく営みでもあるからだ。供給側の思い込みを排除し、対象に影響を与えないように観察する。そうして気づいた潜在的なニーズを、企業の価値と意志に照らし合わせる。誰のために何をしたいのかという原点に立ち返ることで、既存の事業に縛られずに、事業化を構想できる。

「デザイン経営」宣言

※5　https://www.jpo.go.jp/introduction/soshiki/design_keiei.html

○ デザインの投資効果

　ビジネスの中では、テクノロジーやエンジニアリングにたびたび注目が集まりますが、デザインに
注目したり投資したりといったことは、日本ではまだ多くはありません。それには、ブランディング
やユーザー体験などは数値によって定量的に計りにくく、定性的にしか判断されてこなかったからと
いうのが一因にあるでしょう。

　しかし、現在では、デザイン経営の実施はリターンに見合うという結果が各国の調査でわかってき
ています。欧米ではデザインへの投資を行う企業パフォーマンスについて研究が行われており、デザ
インへの投資を行う企業が、高いパフォーマンスを発揮していることを示しています。

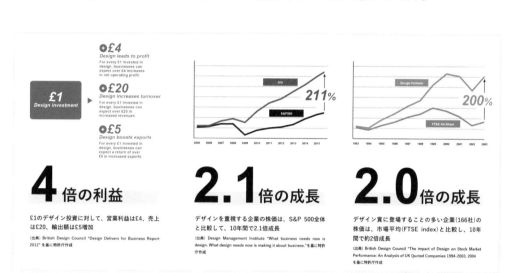

●図2-5　デザインの投資効果（出典：「デザイン経営」宣言）

デザイン思考

　現在、社会やビジネスにおいて不確実性が高く、将来の予想が困難な状況である「**VUCA（ブーカ）の時代**」といわれています。たとえば、2019年に新型コロナウイルス感染症（COVID-19）が流行して、我々の生活スタイルが全く変わってしまったこと、2022年にロシアのウクライナ侵攻から戦争が始まったことでロシアから海外企業が撤退していったことなどがあります。その他にも、テクノロジーの発達により、メタバース、NFT、Web3、AIと、非常に早い速度で社会が変化しています。そんな不確実な未来を考えるために、**デザイン思考**が力を発揮します。

　「不確実な未来」と言葉にすると大ごとに感じてしまいますが、ビジネス視点では新規事業や新規サービスなどを企画する有効な場面とも捉えることができます。また、「デザイン思考」という言葉からデザイナーだけが使える考え方に思えるかもしれませんが、デザイナーが思考として持っている考え方を、フレームワークとしてデザイナーではない人が使えるようにしたものです。

■ デザイン思考とは

　「デザイン思考の伝道師」とも呼ばれるティム・ブラウンの著書『デザイン思考が世界を変える』では、「デザイン思考」について、さまざまな側面から説明されています。筆者なりにまとめると、次のような定義になると捉えています。

> デザイナーのツールキットによって人々のニーズ、テクノロジーの可能性、ビジネスの成功という3つを結合する人間中心のイノベーションに対するアプローチ

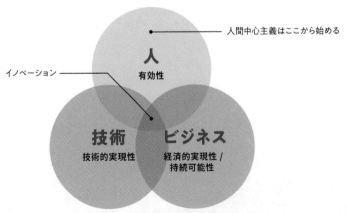

●図2-6　イノベーションに不可欠な3つの要素 (出典:ティム・ブラウン『デザイン思考が世界を変える』)

　人間とビジネスモデルとテクノロジーが重なるところにイノベーションが生まれるという発想で、デザイン思考のスタート地点は「人間中心」という考え方です。イノベーションとは「新しい物事を創造して社会に価値をもたらすこと」です。

　そもそも「デザイン思考」という用語は、1987年にピーター・G・ロウが、その著書『デザインシンキング（Design Thinking）』の中で使用したものです。そして、イノベーションとデザインの世界的なコンサルティング会社IDEOの創業者であるデイビッド・ケリーが、自身が教授を務めるスタンフォード大学にd.schoolを創設し、そこでデザイン思考が世界的に認知されるようになりました。

●図2-7　ロジカル思考とデザイン思考（出典：『デザインリサーチの教科書』）

　デザイン思考、ロジカル思考、ビジネス思考、アート思考など、「XX思考」という言葉がたくさんありますが、デザイン思考はどんな特徴があるでしょうか。ビジネスパーソンにとって最もポピュラーである「ロジカル思考」（ロジカルシンキング）と比べなから、それぞれの強みを見てみましょう。

■ ロジカル思考とは

　ロジカル思考とは、方法を網羅的に抜け漏れなく洗い出し、データなどの情報を使って、どれがふさわしいかを論理的（ロジカル）に決定する思考方法です。物事を結論と根拠に分け、その論理的なつながりを捉えながら考えをまとめるため、原因特定や解決策の立案に効果的な思考方法です。ビジネスの現場では、企画などを提案する際に筋が通った説明になり、相手に納得してもらいやすくなります。また、ロジカル思考は納得感を持たせた説明になるので、デザイナーにとっても重要な考え方です。

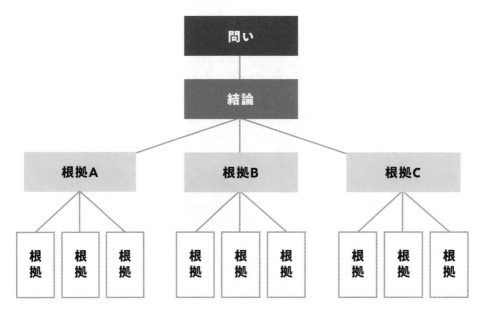

●図2-8　ロジカル思考

　デザイン思考は「問題解決のために創造性と人間中心主義を使用する」のに対し、ロジカル思考は「問題解決のために論理的な手法を使用する」ことが特徴です。両方の手法は異なるアプローチを持つものの、実際には相補的であり、問題解決のためにはどちらか一方だけではなく、両方の考え方が求められます。

■ ビジネスパーソンに標準として必要な知識へ

　経済産業省と独立行政法人情報処理推進機構（IPA）は、企業・組織のDXを推進する人材の役割や習得すべきスキルを定義した「デジタル標準Ver.1.0」※6を公開していますが、その中では、「DXリテラシー標準」のマインドとして「デザイン思考」も挙げられています。

■ デザイン業務の流れ

　実際にデザイン思考のプロセスを説明するとともに、この後に説明する人間中心設計やUXデザインのプロセスを比べてみましょう。プロセスの数やラベルは異なりますが、大まかには同じことを示しているように思えるかもしれません。

※6　https://www.meti.go.jp/press/2022/12/20221221002/20221221002-1.pdf

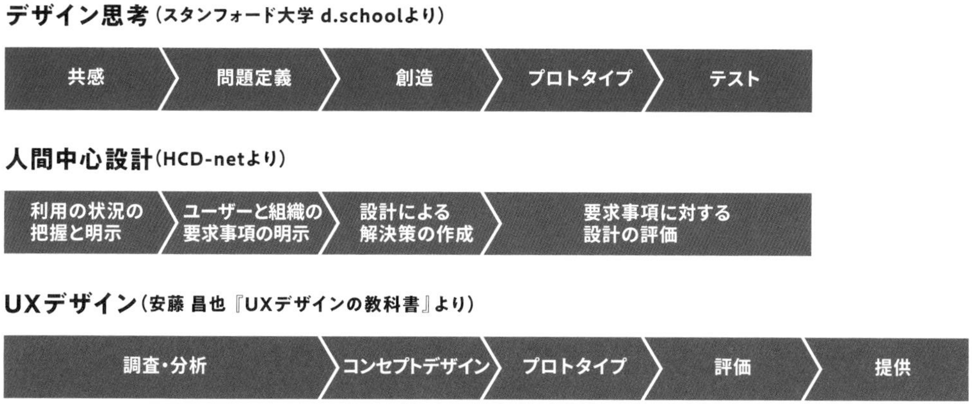

デザイン思考（スタンフォード大学 d.schoolより）

共感 ＞ 問題定義 ＞ 創造 ＞ プロトタイプ ＞ テスト

人間中心設計（HCD-netより）

利用の状況の把握と明示 ＞ ユーザーと組織の要求事項の明示 ＞ 設計による解決策の作成 ＞ 要求事項に対する設計の評価

UXデザイン（安藤 昌也『UXデザインの教科書』より）

調査・分析 ＞ コンセプトデザイン ＞ プロトタイプ ＞ 評価 ＞ 提供

● 図2-9　デザイン思考・人間中心設計・UX デザイン

　Chapter 2では、デザイン思考を「リサーチ（共感）」「問題定義」「アイデア・企画」「プロトタイピング」「テスト」というステップに分割して、話を進めていきます。

○1. リサーチ（共感）

人々を理解し、共感するフェーズです。人間のニーズを理解する段階です。

○2. 問題定義

情報を整理して、そこから解くべき問いを見つけるフェーズです。人間中心設計から問題を捉え直す段階です。

○3. アイデア・企画（創造）

問いに対する解決策を可能な限り広く考えるフェーズです。ブレインストーミングセッションで多くのアイデアを生み出す段階です。

○4. プロトタイピング

アイデアをもとに商品やサービスの試作品を作るフェーズです。実践的なアプローチを適用するプロトタイピングとテストの段階です。

○5. テスト

問題を実際に解決できているかを評価するフェーズです。プロトタイプを実際に使ってもらって、ユーザーが満足するものに近づけていく段階です。

デザイン思考は「人間中心」からスタートするユーザー視点の考え方ではあります。しかし、それだけではビジネスやサービスは成り立たないので、ビジネス視点として持続可能性があるか、その企業がやるべきことかという企業理念やミッションにも関わるワタシ視点の3点の視点が必要です。ワタシ視点はアート思考にも通じる考え方です。

ユーザー視点
人間中心設計・デザイン思考

三方良し

ビジネス視点 ── ワタシ視点
ビジネスモデル　　　　　　　　アート思考

●図2-10　サービスデザインをするための「三方良し」の考え方

■ お勧め書籍

・『デザインはどのように世界をつくるのか』（スコット・バークン 著、千葉 敏生 訳／フィルムアート社 刊／ ISBN978-4-8459-2020-4）

　　そもそもデザインって何だろう？と、広義のデザインについて学ぶことができ、視野が広がります。デザイナーならハッとさせられるフレーズがたくさん書いてあり、筆者が持っているこの本はマーカーだらけです。

・『これからのデザイン経営』（永井 一史 著／クロスメディア・パブリッシング 刊／ ISBN978-4-295-40507-8）

　　著者の永井一史さんは、株式会社HAKUHODO DESIGN代表取締役社長で、デザイン経営について詳しく書かれています。ビジネスの中でのデザインの重要性を知ることができる書籍です。

・『デザイン思考が世界を変える〔アップデート版〕──イノベーションを導く新しい考え方』（ティム・ブラウン 著、千葉 敏生 訳／早川書房 刊／ ISBN978-4-15-209893-1）

　　デザイン思考を勉強するのであれば、IDEOのティム・ブラウン氏のこの書籍は、鉄板で読むべき本です。

人間中心設計

人間中心設計（HCD：Human Centered Design）は、人間を中心に据えた開発プロセスの概念で、継続的に繰り返すことに特徴があります。また、人間工学やユーザビリティの知識や技法を使って、そのシステムをより使いやすくすることを目指すシステム設計開発のアプローチで、ISO9241-210で定義されています。わかりやすく説明すると、「苦い経験」をできるだけ少なくし、「うれしい経験」をできるだけ豊かにしようとする取り組みといえるでしょう。UXデザインのプロセスの中では、人間中心設計のアプローチも利用されます。

■ 人間中心設計とは

> 我々は人間のためにデザインを行うのだから、解決策は、人間中心デザインである。人間中心デザインでは、まず人間のニーズ、能力、行動を取り上げ、それからニーズ、能力、行動に合わせてデザインする。
>
> 　　　　　　　　　　　　　　出典：ドン・ノーマン『誰のためのデザイン』

人間中心主義とは反対の意味で、「技術中心主義（機械中心のシステム）」という考え方もあります。企画段階にはデザイナーが参加せず、あるいはデザイン的な施工を初期から入れずにビジネス要件とエンジニアのみでサービスやプロダクトを開発すると、ユーザーにとって使い勝手が悪く、ユーザーのニーズと合わないものになることが多くあります。筆者も、システムが完成して一番最後に見た目のスタイリングデザインだけを依頼されることがたびたびありました。見た目だけのデザインを良くしても、根本の設計や体験が悪ければ、ユーザーには使ってもらえません。

■ 人間中心設計の6つの原則

ISO9241-210には、次のような人間中心設計の6つの原則が定められています。

1. ユーザーやタスク、環境に対する明確な理解に基づいてデザインする
2. 設計や開発の期間を通してユーザー（の視点）を取り込む
3. 設計は人間中心的な評価によって駆動され、また洗練される
4. プロセスは反復的である
5. 設計はユーザーエクスペリエンスの全体に焦点を当てる
6. 設計チームには多様な専門領域の技能と見方を取り込む

◎人間中心設計プロセスの計画

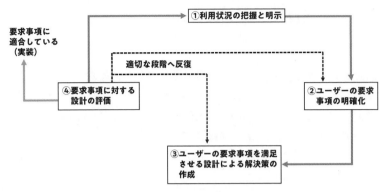

●図2-11　HCDサイクル（使いやすさを継続的に向上させるサイクル）

　また、人間中心設計と似ているものに、**ユーザーセンタード・デザイン**（UCD：User-centered design）があります。これは、機能やサービスを提供するために作り手側がデザインを決めるのではなく、ユーザーがどのように製品やサービスを使うかによってデザインを決めるという考え方です。

■ HCD-Net認定制度

　年に1度、認定制度の受験募集がされており、合格すると「人間中心設計専門家」または、「人間中心設計スペシャリスト」を名乗ることができます。問題に回答するようなテストを受けるのではなく、コンピテンシーと呼ばれる必要な能力・技能・知識を実務で活用した内容を記述し、それが審査されます。自分の知識や足りない経験を棚卸しできるので、UIデザイナーやUXデザイナーにはお勧めの認定制度です。また、次のような条件もあります。

・共通
　人間中心設計専門家としてのコンピタンスを実証するための実践事例が3つ以上あること
・人間中心設計専門家
　人間中心設計・ユーザビリティ関連従事者としての実務経験が、5年以上あること
・人間中心設計スペシャリスト
　人間中心設計・ユーザビリティ関連従事者としての実務経験が、2年以上あること

■ お勧め書籍

・『人間中心設計入門』（山崎 和彦、松原 幸行、竹内 公啓 編著、黒須 正明、八木 大彦 編／近代科学社 刊／ 978-4-7649-0506-1）
　　人間中心設計を学ぶ書籍シリーズとして「HCDライブラリー」が計7冊ありますが、正直なところ、どれも初心者には難しいものが多いです。しかし、その中でもこの本は第0巻に当たり、初心者向けにイラストや図がたっぷりでわかりやすく解説されていて、大変お勧めです。

2-2 デザインリサーチ

デザイン思考のプロセスの最初のステップである「共感」について説明していきます。このステップは最初のステップでありながら、最も重要であるといっても過言ではありません。ユーザーの課題や目的、趣味思考などを理解するだけでなく、共感することが必要です。そのため、リサーチを徹底的に行うことが重要です。

ここでは、リサーチの代表的な手法であるインタビューやアンケートについて詳しく解説します。これらの手法を使うことで、ユーザーが抱えている課題や目的を正確に把握し、解決策を提供できます。リサーチの基本的な手法を学んでいきましょう。

・デザインリサーチ

デザイン思考の最初のステップである「リサーチ」について、その種類と方法を解説します。

・インタビュー

リサーチで最も一般的な手法である「インタビュー」の方法を紹介します。単に「話を聞く」ということではなく、リサーチの一貫としての種類と手法があります。

・アンケート

かつては紙の質問表を使って調査していましたが、今ではインターネット経由で電子的に集めることが一般的です。比較的簡単に集めることができますが、それゆえに気を付けるべきことがあります。

デザインリサーチ

■ リサーチとは？

　デザイン思考でも一番最初のステップで、人々を理解し、共感するフェーズです。デザインを行う前提として、共感できるまでユーザーを理解することがとても大事です。利用状況を把握するということは、ユーザー自身とユーザーの行動を文脈的に理解することです。観察やインタビューなどを通して、潜在的なニーズ（インサイト）を把握します。ユーザーを理解せずに作ったデザインは失敗するので、とても大事なフェーズです。

　インサイトとは、ユーザー行動の背景にある心理や潜在意識なニーズを指します。これがほしい！と言語化できて明確になっている「顕在的」なニーズだけではなく、ユーザー本人も気付いていない「潜在的」な要求を見つけることが、リサーチではとても重要です。また、デザインリサーチと似た言葉として「UXリサーチ」「プロダクトリサーチ」などもありますが、ほぼ同じ内容です。

　リサーチの種類にもろいろとあり、2つの軸で4つに分けることができます。

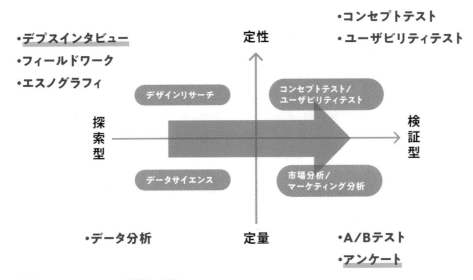

●図2-12　リサーチの種類と分類

　リサーチは、タイミングによっても適切な手法が変わってきます。プロダクト開発を例にすると、スタート時のフェーズと実際にプロトタイプを使ってもらうようなフェーズとでは、リサーチの手法が異なります。

■ 探索型と検証型

○ 探索型

　探索型は、たとえば、塩ラーメンが好きな人がいたら、塩ラーメンが好きな背景をさらに深掘りします。塩味が好きなのかラーメン自体が好きなのか、あるいは、塩ラーメンが好きといってるのは好感度を上げるではないか？など、さまざまな角度から探索します。

　「デザインリサーチ」と呼ぶこともあり、具体的な手法としては「デプスインタビュー」や「エスノグラフィ（観察）」などがあります。新規事業などは探索型のリサーチから始めることが多いです。

・デプスインタビュー
　デプスインタビューとは、個人の記憶や感情を深く掘り下げるようなインタビュー手法です。この方法は、個人の経験や思考について詳細に理解を深めることを目的としています。
・フィールド調査
　ユーザーの生活環境や仕事現場に調査員が身を置き、実際にサービスが使われているところを観察したり、一緒に行動しながらユーザーのことを深く知る調査手法です。

○ 検証型

　検証型は、ラーメンのコンセプトをユーザーに説明して良し悪しを答えてもらったり、実際にラーメンを料理して食べてもらって感想をもらったりするリサーチです。機能改善など、すでに具体的なものがある場合は、検証型のリサーチが効果的です。

■ 定性調査と定量調査

　定性調査と定量調査の違いを具体的に見ていきましょう。それぞれメリットとデメリットがあるので、両方をうまく使って、強みと弱みを補完していくことが求められます。

○ 定量調査

　認知度や、購買量、購買金額、購入率、リピート率、顧客満足度のように、明確に数値や量で表せるデータを集計したり分析したりする方法です。仮説検証での活用機会が多く、定性調査などで発見した機会やアイデアに対して、合理性を検証する場合にも用いられます。数値的なデータのほうがわかりやすく、説得しやすいというポイントもあります。

メリット
・手間やコストが低い
・一度に多くの回答数を得やすい
・合理的で説得力のあるデータを示せる
・データ解析基盤があれば、常に最新のデータを確認できる

デメリット

・深堀りができず、回答に至った背景を詳しく調査できない

・想定できるものしか調査できない

○ 定性調査

　インタビューや行動観察など、人々の発言や行動などから、商品の購買に至るまでのプロセスや人々の意識や感情、動機、因果関係などの数値化できない情報を探索・抽出する方法です。仮説や機会の発見での活用機会が多く、問題点や課題解決の糸口を探ったり、アイデアのヒントを得たりするために実施します。

メリット

・深層心理や行動の背景を調査できる

・会話の中から、思いもよらないようなインサイトを探ることができる

デメリット

・準備や謝礼など、実施コストが高い

・量を多く取ることができず、網羅的ではない

・インタビューには属人的な部分が大きく、スキルや経験が必要になる

　定性調査は、定量調査に比べると、時間も労力もスキルも必要です。効果も見えづらいので、導入している企業も少なく、上司や経営層に理解してもらうことも難しい場面が多いかもしれません。定性的調査の重要さを理解してもらう方法としては、インタビューに同席してもらったり、録画したデータを見てもらったりすることが挙げられます。テキストで結果を見るよりも、実際に、あるいは動画でユーザーの声を聞くことは、とても効果的です。

　「どうやったら課金率が上がるか」「どうやったら回遊率があがるか」といったことはよく議論されますが、「どうやったらユーザーが幸せになるか」が俎上に載ることは、なかなかありません。したがって、デザイナーは、あえてユーザーに寄り添った軸で物事を考えることも必要です。ビジネスの利益だけではなく、ユーザーの利益を考えられるのがデザイナーの強みだからです。

○ 注意すべきこと

　探索型調査やインタビューの場合、素直にユーザーの声を聞くだけではなく、その背景にどんなメッセージがあるのかを探り出すことも大事です。事業の中で、ビジネス中心や機能中心の企画は多いですが、人間中心が抜けたものがとても多いと感じます。あなたの周りのサービスや企画でも、人間中心の考え方が抜けていないかを意識してみてください。

　「デザイナーもビジネスやエンジニアリングを理解すべき」といわれることも多いのですが、デザイナーであれば、まずはユーザー理解を第一に考えるべきでしょう。ユーザー目線で考えられる人は意外と少ないので、ユーザーとの接点の多いカスタマーサクセス（CS）チームに負けないくらい理解す

べきです。もちろん、デザイン思考だけが重要なのではなく、ビジネスの視点や技術の視点も重要なのは、いうまでもありません。

■ お勧め書籍

・『デザインリサーチの教科書』（木浦 幹雄 著／ビー・エヌ・エヌ 刊／ ISBN978-4-8025-1177-3）

　　デザインリサーチの重要性やプロセスや手法を網羅的に書いた書籍です。デザイナーはもちろんのこと、新規事業などを行う企画職の人にもお勧めの書籍です。

・『はじめてのUXリサーチ』（松薗 美帆、草野 孔希 著／翔泳社 刊／ ISBN978-4-7981-6792-3）

　　株式会社メルペイのUXリサーチチームの2名が書いた本です。リサーチを実際に始めてみたい人には、より具体的に手法やポイント、ツールなどがていねいに書かれたこの本がお勧めです。1人でスタートする方法から、チームで実施する方法まで書かれています。

インタビュー

■ インタビューを行う意味

　一般に、デザインリサーチやUXリサーチを行う際には、たいていはインタビューを実施します。インタビューにも種類があり、「構造化インタビュー」「反構造化インタビュー」「デプスインタビュー」「グループインタビュー」などがあります。筆者は、リサーチの際には反構造化インタビューを用いることがほとんどです。

　アンケートなどのリサーチに比べると、たった10人にインタビューをするとしても、準備にも実施後のデータ整理にも多くの時間がかかります。また、インタビュアーにも専門的な知識が必要になるので、実施のハードルが高いのも事実です。しかし、労力がかかったとしても、定性的で深層心理まで深堀して聞き出せるインタビューは、とても大事な作業です。自分では当たり前だと思うことが、別の人には当たり前でないことも多く、インタビューではそういった「思い込みバイアス」が影響してしまうこともあれば、意外な事実に気付かされることもあります。

■ インタビューの種類

○ 構造化インタビュー

　事前に準備した質問表を使って、順番通りに質問をする方法です。アンケートとほとんど変わらないため、あまり実施されません。

○ 反構造化インタビュー

　大きな質問項目は事前に決めておくものの、インタビュアーの判断で深く掘り下げたり、新しい質問をリアルタイムに追加しながら実施する方法です。もっともポピュラーなインタビュー方法です。

○ デプスインタビュー

　質問内容は決めずに挑み、会話の流れや文脈に合わせて自由に対話を実施する方法です。

○ グループインタビュー

　複数のインタビュー協力者に対して、一度にインタビューを実施する方法です。協力者同士の対話によって、他のインタビュー手法とは異なったインサイトを得られる可能性があります。

■ インタビュー数

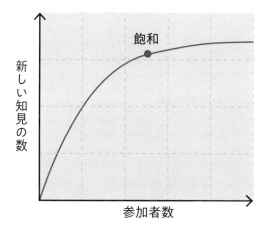

● 図2-13　インタビューのグラフ（出典：「How Many Participants for a UX Interview?」https://www.nngroup.com/articles/interview-sample-size/）

　何人にインタビューすれば十分だというものはありません。被験者の幅によっては、数回でほとんどのインサイトを得られることもあれば、実施するたびに新しいインサイトが入る場合もあります。とはいえ、図2-13に示したように、一般的にはインタビューの数をこなすと得られるインサイトは減ってくるものなので、飽和する地点を見極めることが重要です。

■ リクルーティング

　どんな人にインタビューするかで、インサイトの精度も上がります。国内のサービスについて海外の人に聞いても、30 ～ 40代向けのサービスについて中高校生に聞いても、希望するような情報が集まらないのは明らかです。被験者を集める場合は、事前に条件を決めておかなければなりません。

○ エクストリームユーザー

エクストリームユーザーとは、一般的なユーザーとは異なる振る舞いをするユーザーのことを指します。たとえば、Kindle電子書籍リーダーで、1週間に10冊以上の本を読むユーザーや、毎日ログインするユーザーは、明らかに大多数ではないのでエクストリームユーザーと呼んでもよいでしょう。このようなエクストリームユーザーは、人数も少なく、メインターゲットではありませんが、アプリの利用方法に関するヒントを見つけることができるかもしれません。エクストリームユーザーを注視して、アプリの利用方法や問題点などを明らかにすることも効果的です。

■ インタビューで気を付けるべきこと

インタビュアーはプロでなければ務まらないわけではありません。しかし、インタビューで気を付けるべきことは、いろいろとあります。やり方によっては、正確性に欠ける情報が集まってしまいます。

次のようなことに留意してインタビューを進めます。

・まずアイスブレイクで場を温める（ラポール（信頼感）の形成）
・最初は、簡単に答えられる問いから始める
・大きな質問から始めて、徐々に個別の質問をする
・録音することで、メモに必死になりすぎない
・相手の答えを誘導しない
・コンテクスト（コトの背景や文脈）を聞く
・3段階で聞いて、本質を探る（なぜ、なぜ、なぜ）
・相手の話に共感する
・オンラインの場合はネット環境、カメラ、マイク設備などを事前に確認する

最も大事なのは、行動や会話から直接的に理解できるだけでなく、ユーザーが意識している価値観や、背後に潜む暗黙知までも見い出せることです。暗黙知とは、無意識的に当たり前とされている信念、認識、思考、感情、美意識などです。

(ピラミッド図内のテキスト)
目に見える物や体験
意識している価値観
無意識の中の当たり前

●図2-14　暗黙知の発見

　ここでは触れませんが、謝礼としてお金やギフト券を渡したり、同意書や秘密保持義務書を作成したりと、準備すべきことがほかにもあります。具体的なインタビューの実施方法などは、参考文献を挙げておくので、適宜参照してください。

■ お勧め書籍

・『ユーザーインタビューのやさしい教科書』（奥泉 直子、山崎 真湖人、三澤 直加、古田 一義、伊藤 英明 著／マイナビ出版 刊／ ISBN978-4-8399-7615-6)

　　計画、準備、実施、考察の4つの章に分けて、考え方やインタビュー実施方法、細かな気を付けるべきポイントなどを紹介しています。インタビューをやってみたいけど、自信がない場合には、この本を読んでみてください。

■ お勧めツール

・unii リサーチ

https://unii-research.lifull.net/

　新サービス開発のためにユーザーインタビュー相手を探している企業と、インタビューの対象者となる人のマッチングサービスです。「サポーター」として登録し、企業のユーザーインタビュー相手になったり、友人をインタビュー相手として紹介することで謝礼が得られる仕組みです。少し前までは、リサーチ会社に高額な料金を支払ってユーザーをリクルーティングしなければならなかったので、リサーチには金銭的な高いハードルがありました。しかし、このようなマッチングサービスを利用することで、かなり低コストでインタビューが実施できるようになりました。

・CLOVA Note

　https://clovanote.line.me/

　株式会社LINEが開発したAI音声認識アプリによって、録音したソースから文字起こしするサービスです。複数の参加者の声を区別して、テキストに変換されます。現在はオープンベータ版で、毎月300分の利用時間が提供され、無料で利用できます。インタビューで録音した1時間の音声データを全て文字起こしするのはとても労力のかかる作業なので、こういったツールを活用してください。

・Notion

　さまざまな機能を1つにした「オールインワン」の万能ツールです。コア機能は「ドキュメンテーション」ですが、プロジェクト管理やスケジュール管理、社内Wikiなど、目的に応じてさまざまな使い方ができます。リサーチでは、ユーザーインタビューで集めたテキスト情報をNotionのデータベースに登録し、サービス開発時の参考にするといった使い方をします。筆者も実際に利用しています。UX Toolsが世界のデザイナーから集めたアンケート「2022 DESIGN TOOLS SURVEY」でも、「Research Repository」ジャンルで1位でした[7]。

※7　https://uxtools.co/survey/2022/research-repository

アンケート

アンケートは**質問紙調査**とも呼び、作成した質問項目を対象者に答えてもらう手法です。最近は、インターネット経由で電子的に回答を集めることが一般的です。

アンケートのメリットは定量的に仮説を検証したり、実態の把握ができることです。デメリットとしては、深堀りした問いにはユーザーが答えづらいので、比較的簡単に答えられる質問に偏ってしまいがちなことです。質問内容によっては、回答者が意図を汲めず、勘違いした回答を寄せてしまうケースもよくあるので、気を付ける必要があります。

アンケートは、期間を設け、場合によっては抽選でギフト券などをプレゼントすることで、たくさんの人に回答してもらえるように工夫します。アンケート集計後は、データ分析を行い、定量的なデータはグラフなどを用いて視覚的にわかりやすくします。

また、プロモーションのために企業に都合の良い質問内容のアンケートを作成する場合も多く見られます。本当のユーザーの実態を調査したい場合は、1人の主観で偏ってしまわないように客観的に第三者にも確認してもらうことをお勧めします。

質問の内容の検討や回答を得るための方法の検討も大事ですが、いつ、誰に、どのくらいの期間で、実施するかを考えることも大事です。アンケートの目的から、「どのような条件の人に答えてもらうのか」「どのような方法や場所で周知するのか」「どれくらいの回答数が得られれば十分とするか」「実施期間はどのくらいにするか」といったことを、あらかじめ決めておきます。

アンケート自体は、インタビューよりも比較的簡単に実施でき、回答数もそれなりに集まります。目的などの前提条件を決め、しっかり事前準備をしないと、利用できない結果だけが集まり、意味のないアンケートになってしまいます。

■ お勧め書籍

・『質問紙デザインの技法 [第2版]』(鈴木 淳子 著／ナカニシヤ出版 刊／ ISBN978-4-7795-1075-5)

アンケートは、勉強せずとも実施できそうに感じる人も多いでしょう。しかし、ユーザーが答えやすい質問のワーディングや順番、誘導質問になっていないかなど、実は気を付けるべきことが山のようにあります。教科書的に手元に置いておきたい本です。

■ お勧めツール

・Google フォーム

https://docs.google.com/forms/

Googleが提供する無料のオンラインフォーム作成ツールです。複数の質問形式から選択したり、ドラッグ＆ドロップで質問を並べ替えたりと、簡単にオリジナルのアンケートが作成できます。アンケートの集計結果は自動でグラフ化されるので、とても便利なツールです。

2-3 定義

　デザイン思考のプロセスの2番目のステップである「定義」について説明していきます。リサーチ・共感フェーズで集めたユーザーの本質的な課題を抽出します。具体的には、現状のユーザーが抱える問題や課題を正確に把握することで、より効果的な解決策を提供できます。

　問題定義の過程では、ユーザーについての情報や課題についての理解を深め、解くべき問題を絞り込みます。リサーチして集めた情報をどういったフレームワークでまとめていくか、ここで説明していきます。

　ここで取り上げるモデリングする手法は、「ペルソナモデル」「価値マップ」「カスタマージャーニーマップ」という代表的なものです。それ以外にも、カスタマージャーニーマップと類似、延長線上にある「サービスブループリント」、ビジネスモデルを可視化する「ビジネスモデルキャンパス」といったものがあります。代表的な3手法を使いこなせるようになったら、他のフレームワークにもチャレンジしてみてください。

- **定義するとは**
  リサーチで集めた多くのデータを整理していくフェーズです。整理することで、問題の本質を「定義」します。そのために「モデリング」という手法を用います。
- **ペルソナモデル**
  具体的なユーザーを想定するモデリングの手法です。
- **価値マップ**
  ユーザーの価値をマッピングするモデリングの手法です。
- **カスタマージャーニーマップ**
  ユーザーの体験を時間軸で可視化したものです。

定義するとは

デザイン思考の「リサーチ」の次のステップが「定義」です。リサーチで集めた多くのデータを整理していくフェーズです。マッピングやビジュアライズを行って、抽象化させ、そこから解くべき問いを見つけます。

たとえば、解約画面で解約されないようにお勧めコンテンツを出すという企画のデザインを依頼されたとして、リサーチ段階の問題を問い直し、改めて定義します。何を解決するための施策なのか、そもそもこの機能は必要なのかといったように考え直します。

■ ユーザーモデリングの3手法

ユーザー調査のデータに基づいたUXデザインを行うには、ユーザー調査で取得した情報からユーザー像を具体的にモデリングします。そのモデリングで起こした成果物をプロジェクトのステークホルダー（関係者）で確認し、課題やアイデア創出を行っていきます。

ユーザーを資料として可視化する手法はいろいろとありますが、ここでは、ユーザーの属性をまとめる**ペルソナモデル**、ユーザーの価値をマッピングする**価値マップ**、ユーザーの行為を視覚化する**カスタマージャーニーマップ**という代表的な3つを説明していきます。

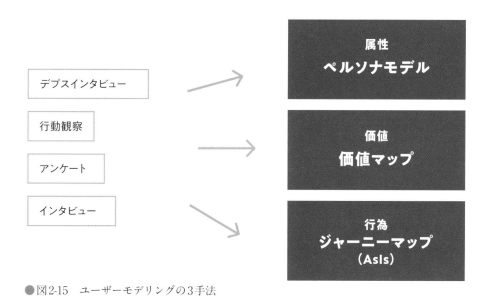

●図2-15　ユーザーモデリングの3手法

■ お勧め書籍

・『要点で学ぶ、デザインリサーチの手法125増補改訂版』（ベラ・マーティン、ブルース・ハニントン 著、
郷司 陽子 、木浦 幹雄 監修／ビー・エヌ・エヌ 刊／ ISBN978-4-8025-1235-0）

　　本書ではたくさん紹介できませんでしたが、この本ではリサーチの手法を125個も紹介していま
す。1つ1つは簡単にしか説明していないので、この本を見るだけでは深くは理解できないかもし
れません。しかし、こんな手法もあるのかと、広く浅く学ぶことができ、スタートには良い書籍です。

・『Web制作者のためのUXデザインをはじめる本 ―ユーザビリティ評価からカスタマージャーニー
マップまで』（玉飼 真一、村上 竜介、佐藤 哲、太田 文明、常盤 晋作、株式会社アイ・エム・ジェ
イ 著／翔泳社 刊／ ISBN978-4-7981-4333-0）

　　UXデザインをさらに勉強したい人には、この本がお勧めです。本書で紹介したフレームワーク
もさらに詳しく学べます。図やイラストもたくさん入っていて、わかりやすいです。

ペルソナモデル

ペルソナモデルとは、製品・サービスの目的やコンセプトをより明確にするため、ターゲットユーザーの代表的な人格を設定した仮想の人物です。代表的、典型的なユーザーをモデル化します。対象となるユーザーの「人となり」が想像しやすいように、小さなことでも可能な限り具体的に記述します。これを設定することにより、異なる分野や立場の人々を含むあらゆる関係者間でイメージやビジョンを共有できるため、ブレが少なく、精度の高い検討や効率的な開発を目指せます。実際にいる人物ではないものの、実際に存在し、質問を投げかけたら答えてくれるほどにリアルに情報を決めていきます。

ペルソナの情報としていくつかベースになる項目はありますが、決まりはありません。顔写真、年齢、性別、移住地、未既婚、家族構成、職業、収入、生活習慣、趣味・嗜好、よく使うメディアやサービス、IT リテラシーなど、その事業やサービス設計に必要な項目を考えてみましょう。

ペルソナは、空想ではなく、できるだけ事実に基づいたデータから作ります。既存サービスの場合はユーザー情報が取得できることが多いので、それを基に作成します。新規サービスの場合は、リサーチしながら根拠のあるペルソナを作成します。

特殊で稀な使い方をするようなエクストリムユーザーや、サービスを使いそうにないターゲット外のユーザーをペルソナモデルにすることも間違いです。また、芸能人や漫画やアニメの登場人物の名前を使うのは止めましょう。ペルソナの情報を設定しても、すでにある設定をイメージして引きづられてしまうので、効果を発揮できません。

PERSONA

名前： 早川 由美子	現在の住所： 大阪
性別： 女性	趣味： ドラマ鑑賞, 映画
年齢： 27才	学歴： 京都女子大卒業
既婚・未婚： 未婚	職業： 地方銀行
家族構成： 父, 母, 自分, 妹	年収： 380万円
出身地： 三重	

趣味・嗜好

本は年に数冊しか購入しない
ビジネス書2冊
雑誌3冊
漫画5冊
地上波の番組は結構よく見る

PC/インターネットについて

インターネットは家で加入してる
テキストよりも音声・動画のほうが慣れている。むしろ活字は苦手くらい。
Youtubeは結構見る
オーディブルは知らない
テレビは見ない

仕事・生活

社会人5年目。こなれてきたけど漠然として将来の不安がある。
デキル社員（リーダー・役職あり）はすごいと思うけどどういうところが違うのかよくわからない
先輩からのおすすめや会社からの強制力があれば一応やる。そういうきっかけあればいいかもと思ってるけど、期待はしていない
お金はあまりないけど、無料体験やるかもしれない

目的

勉強する時間は確保できそう。でもなんか続かない。
読書してみようかな
電子書籍も気になるけど、結局そういうのは漫画しか読まない

●図2-16　ペルソナモデルの例

価値マップ

　ユーザーの価値をマッピングする**価値マップ**を紹介します。KAカードで価値を導出し、KJ法でグルーピングし、価値マップでマップ化するステップを見ていきましょう。

■ 1. KA法

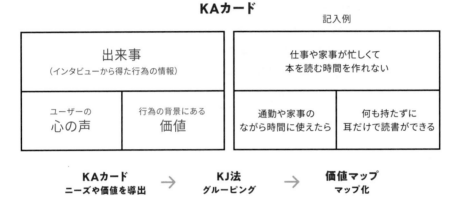

●図2-17　KA法

　KA法は、ユーザー調査などで得られたインタビューデータなどの定性的な情報から、人々が求めている本質的なニーズや体験価値を導出するための手法です。KA法を使って、ユーザーの体験価値や本質的ニーズをモデリングしていきます。

　紀文食品の浅田和美氏がマーケティング手法として考案し、千葉工業大学の安藤昌也先生がユーザー調査の分析手法として発展させました。ユーザー調査で出た「出来事」をユーザーの「心の声」、行為の背景にある「価値」と分解して1枚のカードに記述し、ユーザーの心理における本質的価値を探ります。KA法では「描き方」に特徴があります。このカードを「KAカード」と呼びます。

○KAカード作成手順

1. インタビューなどのリサーチの発話録を表などでまとめる
2. 発話録からKAカードを書き出す
3. どんな価値があるかをグルーピングしていく

・KA法（本質的価値抽出法）の手順と実例 羽山祥樹
　https://www.figma.com/community/file/1142124393231568930

■ 2. KJ法

　膨大・無秩序なデータの分類、構造化を通してひらめく手法です。フィールドワークなどで得た膨大なデータをまとめるために考案された手法です。データをカードに記述し、カードをグループごとにまとめ、図解し、新たな仮説や解決策につなげていきます。質的データの分析に広く用いられています。ブレインストーミングなどで得たデータを収束させる発想として代表的なものです。

○KJ法の手順

1. カードをバラバラに広げる
　定性データをカードにまとめる。
2. グループ化
　一覧できるように並べたカードを、似通った要素の関係を見つけ、グループ化する。
3. 図解化
　グループ同士の包含関係や因果関係を見つけて組み立て、図解して視覚化する。
4. 文章化
　近いグループを近くにおき、グループ間の関係を線を引いて囲う。最後に、グループごとに見出しを付ける。

■ 3. 価値マップ

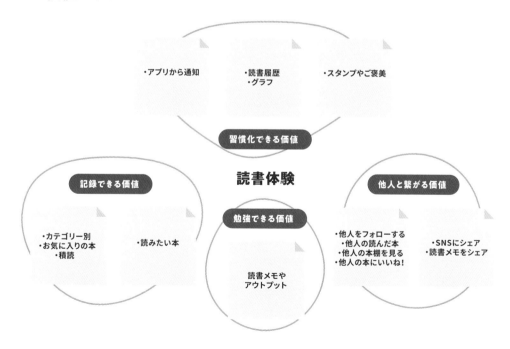

●図2-18　価値マップ

　KA法で洗い出した価値カードを、KJ法を使ってグルーピングしていきます。これを「価値マップ」と呼びます。

　マップは似たカードをグループにしていきます。グループをさらにグループで囲うことも問題ありません。また、グループ同士の関係を線や矢印で表して完成です。膨大なインタビュー情報から価値を抽象化していく作業です。価値マップでユーザーの価値をマッピングできたら、その中から重要な価値をピックアップし、次のアイデアのフェーズに進みます。

■ お勧め書籍

・『UXデザインの教科書』（安藤 昌也 著／丸善出版 刊／ ISBN978-4-621-30037-4）

　　千葉工業大学の安藤昌也教授による、その名の通り「UXデザインの教科書」と呼ぶべき書籍です。ちょっと内容が難しくハードルを感じるかもしれませんが、安藤教授のYouTubeチャンネル「UX 安藤昌也ら」の動画の中で本の解説もしているので、併せて読むと理解が深まります。

カスタマージャーニーマップ

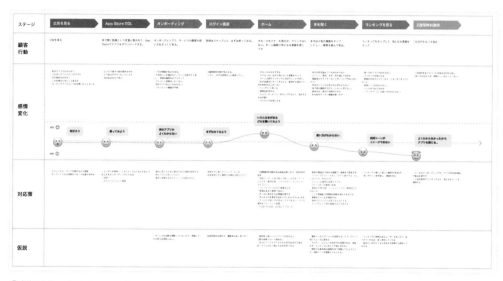

●図2-19　カスタマージャーニーマップ

　製品やサービス、Webサイトなどを訪れるユーザーの体験を時間軸で可視化したものです。ユーザー体験から逆算して、自社の課題を見つけることができます。特定のペルソナについて、製品やサービス、Webサイトなどの利用前や利用中、利用後など、タッチポイント（接点）をまたぐ一連の行動を横軸で記述します。縦軸には、その過程で起こる行動、感情変化、認識、対応策などを記述します。カスタマージャーニーマップを作成することで、ユーザー体験全体を俯瞰して把握でき、プロジェクト関係者全員がマップを共通言語としてユーザー目線で議論することに役立ちます。

　現状（As Is）のカスタマージャーニーマップを作成することもありますが、新しい機能やサービスなどのあるべき未来（To Be）のカスタマージャーニーマップも作成します。カスタマージャーニーは1人でも作成できますが、できればプロジェクトメンバーなどに協力を仰ぎ、複数人でワークショップ形式で進めるのがお勧めです。既存サービスであれば、プロジェクトマネージャー、ユーザーインタビューを行っているデザイナー、ユーザーとの接点の多いカスタマーサクセス、データから裏付けを取れるデータサイエンティストなどがいると、実際の情報から正しいジャーニーを作成できます。

　横軸は時間軸として、縦軸はステージ、顧客行動、顧客接点、感情変化対応策などの項目を設定するのが一般的ですが、これにしなければならないという決まりはないので、サービスや目的に合致した項目を追加するのも良いでしょう。

■ 作成の手順

1. スコープを設定する
2. ペルソナを設定する
3. 顧客の行動を洗い出す
4. 感情の起伏を記入する
5. 顧客とのタッチポイント（接点）を入れる
6. 対応策を入れる

■ お勧め書籍

・『はじめてのカスタマージャーニーマップワークショップ』（加藤 希尊 著／翔泳社 刊／ ISBN978-4-7981-5375-9)

　　ユーザーの行動を可視化するためのフレームワークとして、カスタマージャーニーマップ（CJM）を作る機会は多いのですが、始めてる作るときには、ちょっと難しく感じるでしょう。1冊まるまるCJMについての手順を説明しており、事例も豊富なので、初心者にはお勧めです。

2-4 アイデア・コンセプト

　デザイン思考のプロセスの3番目のステップである「アイデア」について説明していきます。解決すべき問いを絞り込んだ後に、その解決策を発散させます。アイデアを出す方法としては、よく知られている「ブレインストーミング（ブレスト）」などを説明します。ブレストは、かなり一般的に使われていますが、正しいルールを知らない人も多いのではないかと思います。また、それ以外にも、アイデアを形にするためのフレームワークをたくさん紹介します。

　アイデアを出すのが苦手と思っていても、それは頭の中にある「アイデアのもと」を形にできていないだけなのだと思います。ここで紹介するさまざまな手法を活用して、アイデアを出すことを楽しめるようになってほしいです。

・アイデアの出し方、まとめ方
　アイデア創造にも、いくつかの手法があります。正しいやり方を身に付けましょう。

・コンセプト
　アイデアの基本的な概念や理念を示す枠組みのことです。実現するための柱となります。顧客に伝えるためにも、ブレなくビジネスを進めるためにも重要なものです。

・シナリオ
　コンセプトを実現するための「物語」を描きます。チームメンバーの認識を合わせるために役立ちます。

アイデアの出し方、まとめかた

アイデア創造手法には、大きく分けて「発散」と「収束」の2つのフェーズがあります。

・発散
　自由な発想でアイデアを出しあうフェーズ。

・収束
　発散して集めたアイデアを分類・整理したり、現実に即して分析したり、その過程で発想していく
　フェーズ。

■ ブレインストーミング

　米国の広告会社BBDO社の社長、アレックス・F・オズボーンにより考案された会議方式で、自由
連想法の代表的なものとされます。数名のチームで1つのテーマに対し、お互いに意見を出し合うこ
とでたくさんのアイデアを生産し、問題解決に結び付ける方法です。「ブレスト」とも呼ばれ、名前を
聞いたり実践したことがある人も多いかもしれません。しかし、本当に正しいルールで使えていない
場合が多いので、改めてブレインストーミングを学んでいきましょう。ブレストのワークショップを
成功させるためには、ファシリテーターが以下のルールやコツに目を光らせることが、とても重要です。

○ 基本ルール

1. 判断延期
　　どんなアイデアに対しても批判・判断しない

2. 自由奔放
　　どんなに変なことをいっても良い

3. 質より量
　　アイデアは多ければ多いほど良い

4. 結合改善
　　他のアイデアから思い付いたアイデアを出しても良い

○ コツ

・和気あいあい、かつ活発な雰囲気で

・ファシリテーターを決める

・まずは事前に個人で考える時間をとる

・なるべく具体的に（抽象すぎるものは不可）

・ルールを必ず意識する

- 前向きな姿勢で
- 付箋の利用を推奨
- 他の人のアイデアを発展させる意識で
- 適宜、休憩をはさむ（自由時間にひらめくこともある）

○ 失敗する原因

- 多様性が活かされない（同じ意見の人ばかりが集まっているなど）
- 年齢や経験を超えた意見が出せない雰囲気がある（年上や経験者の意見が強くなっているなど）
- ブレインストーミングのルールが守られていない
- 背景となる情報が参加者に十分共有されていない

■ KJ法

　価値マップの作成に活用したKJ法は、ブレストなどで得られたアイデアなどを収束させる手法としてもよく使われます。データをカードに記述し、グループごとにまとめ、図解し、新たな仮説や解決策につなげます。

| COLUMN | アイデアの出し方 |

　アイデアの出し方にも鉄板のコツがあります。有名な書籍として、ジェームズ・W・ヤングの『アイデアのつくり方』があります。それほど厚くなく、すぐに読み終われますが、筆者も何度も読み返すことがある非常に良い本です。

> これまで組み合わせたことのない要素を組み合わせることによって新たな価値を創造すること
>
> ジェームズ・W・ヤング『アイデアのつくり方』

■ アイデアを作る習慣

　お風呂の中やトイレで、良いアイデアをひらくという人の話は周りでもよく聞きます。筆者は以下のポイントを常に意識しつつ、夜の散歩を日課にして、アイデアをひらかせる時間を作っています。

1. 日々のインプット
　インプットがなければアウトプットはできない。したがって、日々のインプットが重要。
2. リラックスした環境で過ごす時間
　アイデアは、トイレやお風呂、散歩といったリラックスしているときにひらめくもの。
3. プライベートの時間も頭の片隅に
　リラックスしていても、頭の片隅に仕事やアイデアを出す目的などがないとひらめきもしない。
4. 常にメモ帳を持ち歩く
　とても素晴らしいアイデアが出ても、1分後ですら覚えている保証はない。
5. 質より量
　数を増やせば増やすほど、良いアイデアが現れる確率が高まる。

■ お勧め書籍

・『アイデアのつくり方』（ジェームス・W.ヤング 著、今井 茂雄 訳／ CCC メディアハウス 刊／ISBN978-4-484-88104-1）
　　小さなポケットサイズの本で1時間ほどで読み終わる内容ですが、アイデアをどうやって手に入れるかの真髄が描かれています。筆者は、手元に置いて何度も読み返しています。

■ お勧めツール

・hidane
　https://hidane.app/
　良いブレインストーミング体験を後押ししてくれるオンラインサービスです。ブレストに慣れていなくても、ステップに沿って進めるだけでアイデアを出すことができます。また、AI機能でアイデアの発想をサポートしてくれるのも、おもしろい特徴です。

コンセプト

　あるアイデアやビジネスの基本的な概念や理念、またはデザインの方向性を示す枠組みのことを指します。つまり、誰が、いつ、どこで、なぜ、誰に、どんなサービスや製品、体験を提供するのかを特徴付ける基本的なアイデアや構想のことです。コンセプトが長すぎると、顧客にもメンバー間でもわかりづらくなるので、一言で簡潔にまとめることが効果的です。

　サービスをデザインする上でコンセプトが重要な理由はいくつかあります。まず、ビジネスやサービスを顧客に明確に伝え、共感を得るために必要不可欠です。ビジネスが提供する価値や特徴、顧客に与えるメリットを明確に表現することで、顧客にとって魅力的なサービスとして認知されやすくなります。

　チームでビジネスの方向性や目標を定め、1つの目標に向かってブレなく進むのにも役立ちます。顧客が競合他社のサービスと比較して、なぜ自社のサービスを選ぶべきなのかを明確化して表現するので、デザイナーだけではなく経営戦略やマーケティングにも関わる重要な部分です。

　そして、経営戦略やマーケティング以外に、デザインや開発にとっても非常に大事なものです。コミュニケーション、ビジュアルデザイン、ユーザー体験、エンジニアリングの方針と、あらゆる側面でコンセプトを意識することで、統一感のあるサービスを顧客に提供できます。

■ 5W1H

　シンプルで漏れなく考えられるフレームワークです。誰が、何を、いつ、どこで、なぜ、どうやって使うのかを書き出してみましょう。

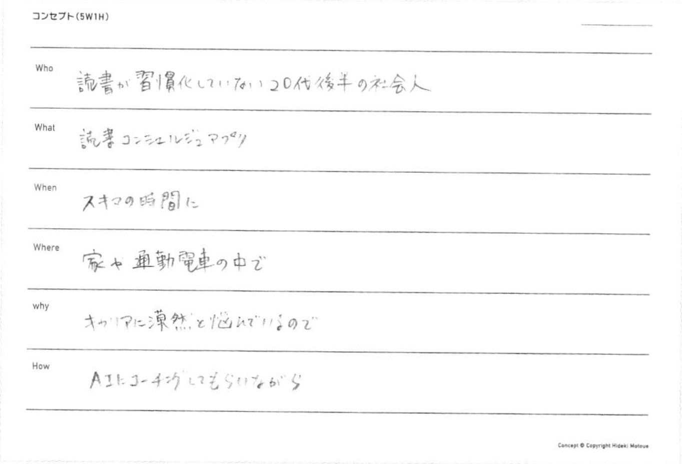

●図2-20　5W1Hシート

■ コンセプトシート

　5W1Hのシートが埋められたら、キャッチコピーや、概要などを端的にまとめます。初めてコンセプトを見た人でも理解できる内容にしましょう。

・タイトル／キャッチコピー
・企画テーマ
・概要

　作成したコンセプトシートは、プロジェクトメンバー間での共有のためにも使えますが、ユーザーにテストとしてコンセプトを見てもらって評価してもらうこともできます。評価のポイントは、わかりやすさ、ニーズ合致度、共感度、魅力度、新規性、経験意欲、購入意欲などがあります。

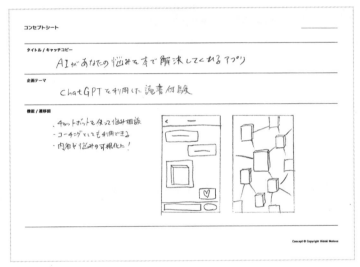

●図2-21　コンセプトシート

シナリオ

　提供したい体験を物語の形で記述する手法を**シナリオ**、もしくは**ストーリーボード**と呼びます。実際のデザインや詳細な機能を詰める前に、新しいサービスや機能を使ってユーザーにどんな体験を提供したいのか、理想を可視化するために用います。シナリオは、絵コンテや4コマ漫画のように絵を入れて作成するものもあります。これを作成することで、文字ベースの企画書だけではイメージできなかったユーザー体験が、とてもわかりやすくなります。プロジェクトの初期段階において、プロジェクトメンバーでアイデアやユーザー体験の認識を合わせることに役立ちます。

■ ストーリーボード

　シナリオ法の代表的なものに「ストーリーボード」があります。提案する製品やシステムがどのような状況や環境で使用されるのかを時系列のストーリーで視覚的に作成する方法です。映像制作で使用する「絵コンテ」と呼ばれるもので、スケッチやイラストを用いて、映像の流れや構図を検討するものです。4〜9コマほどの数で描くのが一般的で、筆者は6コマで書くことが多いです。

●図2-22　ストーリーボードの例

■9コマシナリオ

9コマシナリオはユーザー体験を9コマのシナリオで表現する方法です。ストーリーボードと異なる点は、9コマそれぞれのマスに書くべきことのガイドがあることです。ガイドがあるので、どんなことを書いたら良いかわからない初心者には向いています。その反面、9コマという数とガイドが制約になってしまうので、自由には書きづらいというデメリットがあります。

・1コマ目：ペルソナ
・2コマ目：コンテキスト（文章などの前後の脈絡。文脈）
・3コマ目：予期的UX
・4コマ目：一時的UX
・5コマ目：一時的UX
・6コマ目：一時的UX
・7コマ目：一時的UX
・8コマ目：ゴール（エピソード的UX）
・9コマ目：累積的ゴール（累積的UX）

●図2-23　9コマシナリオ

2-5 プロトタイピング

　デザイン思考のプロセスの4番目のステップである「プロトタイピング」について説明していきます。アイデアを検証するための試作品を作成することで、アイデアが実際にどのように動くか、どのような効果をもたらすかを確認できます。机の上のテキストベースの企画書で議論してもイメージできないので、まずはフットワーク軽く作ってみることが重要です。

　プロトタイピングには、ペーパープロトタイプやワイヤーフレーム、3Dプリントなどの手作りのものから、フロントエンド開発やプロトタイピングツールを使って作成するものまで、さまざまな種類があります。プロトタイピングは、リスクを低減するためにも重要であり、最終的な製品の完成度を高めるために不可欠なステップです。

・**プロトタイプとは**
　「試作品」を作る重要性を考えます。また、その種類についても紹介します。
・**ペーパープロトタイプ**
　紙に描いて作るプロトタイプです。
・**ラピッドプロトタイピング（デザインプロトタイピング）**
　ツールを活用して、実際に動くプロトタイプを作ります。

プロトタイプとは

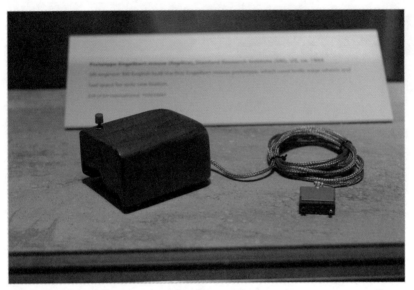

●図2-24　世界で最初のマウス（1968年）※8

　図2-24に示したのは、エダグラス・エンゲルバートが発明し、ビル・イングリッシュが設計・開発した「マウスの試作品」です。このマウスは木で作られてますが、今だと3Dプリンターを使って製作するでしょう。

　プロトタイピングとは、試作物を作りながら、最終的な姿をイメージし、徐々に機能を作り込んだり追加したりしていく方法です。UIから製品・サービスのコンセプトまで、幅広い対象のプロトタイプがあります。また、実際のサービスや製品にどれくらい近づけるのかの忠実度についても、アプリやWebサイトなどの画面を紙に描いて試す**ペーパープロトタイプ**から、システムを組み込んで実際に動作するプロトタイプまで、さまざまです。ここでは、主にUIのプロトタイプで、システムを組み込まないものに絞って説明していきます。

　試作物などのモノは「プロトタイプ」で、試作物を使ったテストなどの行為を「プロトタイピング」と呼びます。

　新規機能や新規事業の会議の企画段階で「これはイケそうだ！」と開発を開始し、実際触れるものができてから、「イメージと違った」「思ったよりも良いものにならなかった」と期待外れに終わる話はよく聞きます。そうならないように、企画段階などの初期段階で、実際のサービスや製品をイメー

※8　"img_7820" by Michael Hicks is licensed underCC BY 2.0（https://www.flickr.com/photos/28496375@N00/11401128624）

ジできるようなプロトタイプを作成し、完成形を共有します。想像で話をせず、実際に見て、触れることができる形にすることで、議論の質が上がり、企画段階では思い付かなかった発見やアイデアも多く生まれます。百聞は一見に如かずですが、**百見は1プロトタイプに如かず**といえます。まずは、プロトタイプを作ってみましょう。

■ プロトタイプのメリット

1. 初期段階でアイデアやコンセプトの共通理解を深め、メンバーとのコミュニケーションを促進できる
2. 開発前に、コンセプトやインターフェイスの問題、または新たなアイデアを見つけることができる
3. 材料費を安く、開発コストを少なくテストできる
4. 何度も繰り返しテストし、製品の成功確率が高くなる
5. プロトタイプの結果により、プロジェクトを進めるか、ストップするかの意思決定材料になる

　これまで述べてきてきた実際に触れるようなプロトタイピングは狭義の意味のプロトタイピングで、もう少し広く捉えると、さまざまなプロトタイプが存在します。たとえば、カタログのチラシを作ってユーザーにとって価値があるかをテストすることも、実現できるかを実際に開発してみることもプロトタイピングです。さまざまな切り口のプロトタイプを、目的やタイミングによって使い分けられるように分解してみます。

■ プロトタイプの種類

○ ヒト視点、モノ視点、カネ（ビジネス）視点

　プロトタイピングは「モノ視点」だけでなく、「ヒト視点」や「カネ（ビジネス）視点」もあります。

・ヒト視点：コンセプトカタログ、ストーリーボード
・モノ視点：ラピットプロトタイプ、ハードウェアのプロトタイプ
・カネ（ビジネス）視点：ビジネスモデルキャンバス、Business Origami

○ ユーザー価値、ユーザー体験、ユーザー操作

　価値のプロトタイプから始めることが重要です。

・ユーザー価値：コンセプトカタログなど、ビデオプロトタイプ
・ユーザー体験：ストーリーボード、ペーパープロトタイプ、ロールプレイング
・ユーザー操作：ラピットプロトタイプ

　近い意味の言葉として、PoC（Proof of Concept：概念実装）やMVP（Minimum Viable Product：実用最小限の製品）などがあります。

■ お勧め書籍

・『失敗から学ぶ技術 ―新規事業開発を成功に導くプロトタイピングの教科書』（三冨 敬太 著／翔泳社 刊／ ISBN978-4-7981-7500-3)

　　本書ではスマートフォンUIのプロトタイピングにしか触れていませんが、もっと大きな意味でのプロトタイプから紹介されています。プロトタイプにも多種多様な手法があるので、さらにプロトタイピングについて学びたい人にお勧めです。

ペーパープロトタイプ

　紙で描いて作るプロトタイピングです。デザイナーでなくても絵心がなくても作れること、また、短時間で作成できることがメリットです。プロダクトオーナーやプロダクトマネージャーなどが手書きでアイデアをデザイナーに渡することもよくあります。紙と鉛筆で作成するので、消したり書き直したりしながら試行錯誤が簡単にできます。

　常にスマホサイズの枠を印刷したA4用紙を作業机の手の届く位置に常備しておき、アイデアをさくっと描けるようにしておくこともよいでしょう。筆者は、消せるボールペン「フリクション」の5mm、7mm、10mmの太さの異なるペンと、エリアをわかりやすく塗りつぶせるようにアルコールマーカーの「コピック」で濃淡の異なるグレーのペンを使い分けて描いています。

　ペーパープロトタイプは、短時間に作成できることがメリットなので、時間をかけてていねいに描きすぎるのは無意味です。また、他人が見たときに全く操作できない、理解できないほどのラフで雑なプロトタイプは使い物にならないので、ある程度具体的であることも必要です。ただし、初期の企画段階のペーパープロトタイプでは、ステークホルダーが意見を出しやすいように、あえて荒いプロトタイプを作ることもあります。完成度の高いデザインプロトタイプだと、見た目についてばかりで、企画の大元の機能やアイデアに意見を出しづらくなってしまうからです。

■ ペーパープロトタイプの特徴

・目的：ユーザー体験やユーザー操作のプロトタイピングに用いる
・対象者：ツールを使わないので、デザイナー以外でも参加しやすい
・フェーズ：アイデアの初期段階で用いることが多い
・特徴1：手書きなどでスピーディ、何度でも繰り返しやり直しができる
・特徴2：手書きで忠実度は低く、意見が出しやすい

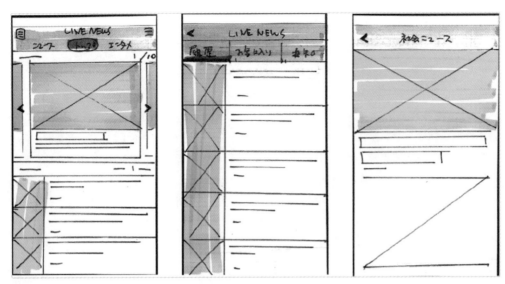

● 図2-25　ペーパープロトタイプの例

■ プロトタイピングツール

○ Marvel

https://marvelapp.com/

　シンプルな操作性であり、値段も安価なため、筆者もペーパープロトタイプの際に利用しています。

○ Prott

https://prottapp.com/

　日本のデザインファームであるグッドパッチが提供しているサービスで、操作性もよく、当然のことながら日本語にも対応しています。

ラピッドプロトタイピング（デザインプロトタイピング）

　具体的なデザインなども行い、ボタンなどのインタラクションや画面遷移などのインタラクションなども実装し、開発には着手していないものの、実際に動作している擬似的な画面遷移などを作る忠実度の高いプロトタイピングもあります。アイデア初期ではなく、開発後半やユーザビリティテストで用いることが大半です。デメリットは作成に時間がかかることですが、本番に近い形で確認が可能なので、細かな点にも気付くことができるのがメリットです。

■ ラピッドプロトタイプの特徴

・目的は、ユーザー操作や使い勝手をプロトタイピングに用いる
・対象者：デザインツールや開発を伴うので、デザイナーやエンジニアが作る場合が多い
・フェーズ：価値が定まった中期段階から用いることが多い
・特徴1：忠実度は高く、実際のサービスを触っているような感覚でテストできる

■ プロトタイピングツール

○ ProtoPie

https://www.protopie.io/

　Protopie は、マイクロインタラクションのプロトタイピングツールです。操作がとても簡単でありながら、リッチでより作り込まれたアニメーションやインタラクションを作成できるという特徴があります。扱いやすさとアウトプットの完成度の高さのバランスがとても良いツールです。2022年のアンケートでも高度なUIプロトタイピングツールのランキングで1位を獲得しており、海外でも人気のようです。現場ではインタラクションやアニメーションばかりに時間をかけられないのが現実なので、短時間で希望に近いプロトタイプを作れるところが気に入っており、筆者も愛用しています。

○ Adobe After Effects

https://www.adobe.com/jp/products/aftereffects.html

　Adobe 社が提供する映像のデジタル合成やモーション・グラフィックス、タイトル制作を目的としたソフトウェアです。映画におけるVFXやアニメなどの効果や、最近ではテレビCMの編集でも使われています。ロゴやアイコン、キャラクターを動かしてアニメーションにすることが得意なので、UIデザインのマイクロインタラクションにも使われます。

　プロトタイピングツールでは表現できない繊細なアニメーションやインタラクションを作り込めることが強みです。しかし、学習コストが高いことや、UIデザインに特化しているわけではないので作成に時間がかかることがデメリットです。キャラクターのアニメーションや、インタラクションにこだわりたいときには使ってみても良いでしょう。

2-6 評価

　デザイン思考のプロセスの5番目で、最後のステップである「評価」について説明していきます。プロトタイプを完成させた後に、専門家や実際のユーザーが実際に使ってみることで、使い勝手や問題点などを発見し、改善することを目的としています。

　テストとその評価は、プロトタイプの完成度を高めるために欠かせない重要なステップです。テストには、代表的なものとしてユーザビリティテストやヒューリスティック評価などの手法があります。

・**ユーザビリティテスト**

　ユーザビリティ（使いやすさ）を評価します。いくつかの具体的な手法も紹介します。

・**ヒューリスティック評価**

　「ヒューリスティクス」とは、ある程度のレベルで正解に近い解を得るための方法のことで、ここではユーザビリティを評価するための「ニールセンの10原則」について説明します。

ユーザビリティテスト

　実際にユーザーに製品を使ってもらい、機械やシステムのユーザビリティを評価する手法です。あらかじめ設定したタスクやシナリオの課題を達成するように求め、ユーザー行動をユーザビリティ評価の尺度とします。具体的には「ニールセンの5つのユーザビリティ特性」（「1-1　UIとUXの違い」を参照）や「ヒューリスティック評価10原則」などを使用するとよいでしょう。ヒューリスティック評価は、この後で説明します。

　使っている様子を録音・録画しながら、操作している人のタスク、エラーの内容、課題達成時間などを確認します。発話思考による分析を行い、操作ステップにかかった時間を計測したりします。重要でないことは事前にアンケートで、重要なことはインタビューで聞くことが一般的です。

　新型コロナウイルスが流行したタイミングで、実際にオフィスなどに呼んでユーザビリティテストをすることは少なくなり、ZoomやMeetなどのオンラインミーティングツールで行うことが多くなりました。その場合、実際に対面で行うユーザビリティテストと違い、オンラインだからこそ気を付けることもたくさんあります。たとえば、被験者のネット環境によっては映像や音声が途切れたり遅延することがあったり、被験者がパソコンを持っていないとスマートフォンのビデオ通話になることもあります。事前に設備や環境を確認することも非常に大事です。

●図2-26　オンラインミーティングツールのイメージ

■ 思考発話法

　代表的なユーザビリティの評価方法として、「思考発話法」があります。ユーザビリティテスト時に被験者を見ているだけで、発話せずにプロトタイプやシステムを操作してもらっても、なぜそういった行動をしたかを理解することは難しいものです。そこで、被験者は思っていることや考えていることを独り言のように話しながら、プロトタイプやシステムの操作を行います。そもそも普段しゃべりながら何かを操作することに人は慣れていないので、ユーザビリティテストの前にお手本を見せたり、練習してもらうことが必要です。

■ 回顧法

　ユーザビリティテストが終わったあとに、インタビュー形式で質問に答えてもらう手法です。ユーザビリティテスト時は、なるべく自然な状態にするために会話は控えているため、終わったあとで気になった点を深堀りして詳細な話を聞きます。

■ パフォーマンスの測定

　プロジェクトによっては定量的なデータが必要な場合もあります。タスク達成率や、効率としてタスク達成までにかかる時間を測定し、使い勝手が改善されたかを計測することもあります。

ヒューリスティック評価

　専門家が、自らの知識や経験に基づいて行う評価を**ヒューリスティック評価**と呼びます。しかし、何らかの評価基準がないと、評価する人の主観に頼ることになってしまいます。どんな製品も網羅するような細かなガイドラインは存在しませんが、さまざまな製品のユーザーインターフェイスに当てはめることが可能な一般的なルールがあります。

　代表的なものとして、「ニールセンの10原則」※9があります。専門家がユーザビリティの原則やガイドラインを念頭において、それに基づいてユーザビリティを評価します。また、社内に専門家がいない場合には、この10個のチェック項目をもとに自社のサービスのユーザビリティについて、非デザイナーが簡易的にチェックしてみてもよいでしょう。1人ではなく3〜5人でやることが望ましいとされています。

■ 1. システム状態の視認性

　システムは、妥当な時間内に適切なフィードバックを提供して、常にユーザーに現状を伝える必要があります。

■ 2. システムと実世界の一致

　システムは、専門用語ではなく、ユーザーにとって馴染みのある言葉やフレーズ、概念を使用します。実世界の慣習に従って、情報を自然で論理的な順序で表示してください。

■ 3. ユーザーの主導権と自由

ユーザーは誤って操作することがよくあります。このような場合、不要な操作を中断するための取り消しややり直し機能が必要です。

■ 4. 一貫性と標準化

　異なる言葉、状況、行動が同じことを意味するのかどうか、ユーザーが迷うようなことがあってはなりません。プラットフォームや業界の慣例に従ってください。

■ 5. エラーの予防

　適切なエラーメッセージは重要ですが、優れたデザインは問題が起こるのを未然に防いでくれます。エラーが発生しやすい状況をなくすか、エラーをチェックし、ユーザーがアクションを実行する前に

※9　10 Usability Heuristics for User Interface Design
　　https://www.nngroup.com/articles/ten-usability-heuristics/

確認するオプションを提示してください。

■ 6. 記憶せずとも、見ればわかる

　要素、操作、オプションを可視化することで、ユーザーの認知負荷を最小にします。ユーザーが対話の特定の部分から別の部分へ移動する際に、情報を覚える必要がないようにします。システム利用に必要な情報（フィールドラベルやメニュー項目など）は、必要なときに見えるようにするか、簡単に取り出せるようにしてください。

■ 7. 柔軟性と効率性

　ショートカット機能があると、初心者は活用が難しいものの、熟練したユーザーにとっては操作をスピードアップできるようになります。このような機能があると、経験の浅いユーザーと熟練したユーザーの両方に対応したデザインにできます。ユーザーが頻繁に行う操作は、独自に調整できるようにしてください。

●図2-27　10 Usability Heuristics for User Interface Design[10]

※10　https://www.nngroup.com/articles/ten-usability-heuristics/

■ 8. 美的で最小限のデザイン

インターフェイスには、無関係な情報やほとんど必要とされない情報を含むべきではありません。余分な情報は、関連する情報と競合し、相対的な可視性を低下させます。

■ 9. ユーザーによるエラーの認識、診断、回復をサポート

エラーメッセージは、平易な言葉で表現し、また問題を正確に示し、建設的な解決策を提案する必要があります。

■ 10. ヘルプとマニュアル

システムはマニュアルを見なくても使えることが一番です。しかし、ユーザーがタスクを完了する方法を理解するために、マニュアルを提供することが必要な場合もあります。

Chapter

3

ナビゲーションと
インタラクション

3-1 環境

　モバイルアプリやスマートフォン向けWebページのUIデザインを行う場合、まずはそのデバイスや環境について十分に理解しておく必要があります。ここでは、モバイルアプリとWebアプリケーションの違いや、国ごとのOS利用比率、スクリーンサイズ、親指ゾーンマップなど、デバイスの環境について詳しく解説しています。

　さらに、皆さんが日々利用しているであろうスマートフォンについて、改めてその特徴を説明します。実際にスマートフォンを手に取って、操作してみると気付くことが多々ありますが、このセクションを読むことでスマートフォンの特徴やユーザーがどのような操作を行いやすいかを理解できるでしょう。これらの知識をもとに、より使いやすく、より使い勝手の良いUIデザインを実現できます。

・**Webブラウザ、iOS、Androidの違い**
　Webのアプリケーション、iOS／Androidのアプリの違いとメリット・デメリットを説明します。また、OSの利用比や端末の種類といった統計情報も確認しておきましょう。

・**画面サイズと解像度**
　スマートフォンの画面は大型化する一方ですが、それが操作性にも影響しています。「指の届く範囲」も把握した上でUIデザインを行う必要があります。また、解像度の考え方も、ここで理解しておきます。

Webブラウザ、iOS、Androidの違い

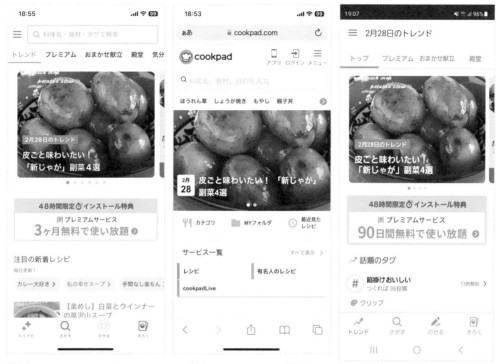

● 図3-1　クックパッドのiOSアプリ（左）、Webブラウザ版（中）、Androidアプリ（右）

　クックパッドのWebブラウザ版とiOSアプリとAndroidアプリでは、それぞれデザインが異なります。それはなぜでしょうか？

　デバイスによっても得意、不得意やルールが異なります。まず、Webブラウザとアプリに分けて、メリットとデメリットを見ていきます。両者の特徴を理解して、デザインしてきましょう。

■ Webブラウザ

　どんな端末からでもWebサイトにアクセスできる汎用的なツールです。アプリケーションに比べると、操作性や機能など、高いパフォーマンスは期待できません。しかし、時代ともにWebブラウザでできることが高機能になり、アプリケーションに近づいています。

　また、使い方として、ユーザーはキーワードを検索して訪れることが多いので、必ずしも開発者が意図したページからのアクセスではないという特徴があります。

○ メリット

1. 最新情報を保ちやすい
   Webサイトは、特性上、データをアップロードさえすれば、瞬時に情報の反映ができます。

2. インストール不要でユーザーを得やすい
   Webブラウザはパソコンやスマートフォン・タブレットを始めとして多種多様なデバイスにインストールされており、多くのデバイスからアクセスできます。WebサイトのURLがわかればアクセスできるので、ユーザーに使ってもらうためのハードルが低いといえます。

○ デメリット

1. 通信速度が環境に左右される
   オフラインでは使用できないので、インターネットに接続している必要があります。また、ページごとに都度データを読み込みながらコンテンツを表示するので、通信速度が遅い環境ではユーザーにストレスがかかります。

2. デバイスの機能を利用できない
   デバイスに固有の機能にはアクセスできないか制限があるため、限定された機能しか利用できません。

■ アプリケーション

　iOSやAndroidなどのデバイスごとにインストールするアプリです。Webサイトでは実現が難しいUIやインタラクションも実装できます。ダブルタップやスワイプなど、使えるジェスチャーも数多くあります。

　Webに比べてできることが多い反面、OSごとに開発が必要であったり、わざわざアプリケーションをインストールしてもらうため、そして削除されないようにするため、高いハードルがあります。また、ストアで申請して許可が下りないと正式にリリースされないといった特徴があります。

OSとは

　Operating System（オペレーティングシステム）の略称で、コンピュータやスマートフォン、タブレットなどのデバイスにおいて、ハードウェアとアプリケーションソフトウェアの間で仲介役となるソフトウェアのことを指します。主なOSには、Windows、macOS、Android、iOSなどがあります。

○ メリット

1. 操作性に優れている
   ジェスチャーなども利用でき、ユーザーにとって直感的で使いやすいUIを提供できます。

2. 高度な機能を利用できる
   iOSやAndoridなどのデバイス機能にアクセスして、センサーなどの高度な機能を利用できます。

3. アプリがインストール済みであれば即座に使用できる
   オフラインでも使用できるため、ネットワークに接続していなくても利用できます。

○ デメリット

1. アプリのインストールが必要
   アプリをダウンロードしてインストールする手間があるため、アクセスするユーザー数がWebサイトよりも少なくなる可能性があります。

2. OSごとに個別の開発が必要
   マルチプラットフォームに対応するには、iOS版とAndroid版を個別に開発する必要があります。AndroidとiOS両方のアプリ開発ができるマルチプラットフォームの言語やフレームワーク、ツールも増えてきており、そういったものの利用も広がっています。

3. アプリの更新が必要
   アプリの更新が必要であり、ユーザーが手動で更新しなければならない場合もあります。Webに比べて、最新情報を反映するのに時間がかかるといえます。

■ 国ごとのOS利用比率

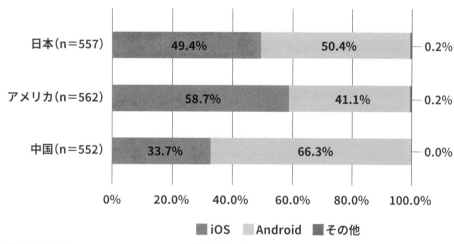

● 図3-2　国ごとのスマートフォンのOS利用比率（2022年8月）※1

　国ごとに、iOSとAndroidの利用率が異なります。所得の違いや、自国の会社が出している製品が使われやすいという特徴があります。日本では、いわゆるガラケーのニーズが残っていましたが、大手キャリアではauが最も早く、2022年3月に3Gサービスが終了になり、ガラケーが使えなくなったというニュースもありました。

※1　出典：https://mmdlabo.jp/investigation/detail_2121.html

■ 人口の話、高齢化の話

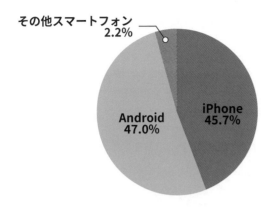

その他スマートフォン
2.2%

Android
47.0%

iPhone
45.7%

● 図3-3　現在メインで利用しているスマートフォン（2022年4月）※2

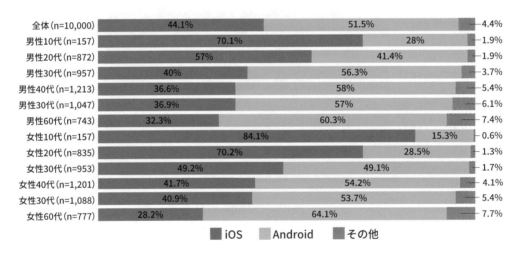

	iOS	Android	その他
全体 (n=10,000)	44.1%	51.5%	4.4%
男性10代 (n=157)	70.1%	28%	1.9%
男性20代 (n=872)	57%	41.4%	1.9%
男性30代 (n=957)	40%	56.3%	3.7%
男性40代 (n=1,213)	36.6%	58%	5.4%
男性30代 (n=1,047)	36.9%	57%	6.1%
男性60代 (n=743)	32.3%	60.3%	7.4%
女性10代 (n=157)	84.1%	15.3%	0.6%
女性20代 (n=835)	70.2%	28.5%	1.3%
女性30代 (n=953)	49.2%	49.1%	1.7%
女性40代 (n=1,201)	41.7%	54.2%	4.1%
女性30代 (n=1,088)	40.9%	53.7%	5.4%
女性60代 (n=777)	28.2%	64.1%	7.7%

● 図3-4　現在メインで利用しているスマートフォンのOS（性年代別）（2022年4月）※2

　男女や年齢でも、使っているOSに偏りがあります。投稿系のサービスでは、投稿している人と閲覧している人の年代が違うことがよくあります。したがって、どちらのOSを優先してアプリやサービスをリリースするかといった優先順位なども考える必要があります。わかりやすい特徴として、若年層は男女ともにiOSの利用率が高く、さらに女性のほうがiOSの利用が高いことがグラフから読み取れます。

※2　出典：https://mmdlabo.jp/investigation/detail_2055.html

● 表3-1　現在メインで利用しているスマートフォンの端末※3

iPhone（n=4,412）			Android（n=5,152）		
1位	iPhone SE（2020）	17.6%	1位	AQUOS シリーズ	28.3%
2位	iPhone 8	10.4%	2位	Xperia シリーズ	21.1%
3位	iPhone 12	9.2%	3位	Galaxy シリーズ	13.5%
4位	iPhone 11	9.2%	4位	arrows シリーズ	6.4%
5位	iPhone 7	6.4%	5位	OPPO	6.0%
6位	iPhone 12 mini	6.3%	6位	Google Pixel シリーズ	4.0%
7位	iPhone XR	5.9%	7位	HUAWEI	3.6%
8位	iPhone 13	4.7%	8位	Android One	2.1%
9位	iPhone 12 Pro	2.9%	9位	楽天モバイルオリジナル	1.7%
10位	iPhone 11 Pro	2.6%	10位	Xiaomi	1.6%

　現在メインで利用しているスマートフォンの端末を見ると、iPhone、Andoridともに意外と古い機種を使ってる人が多いことがわかります。iPhoneは、最新機種にしても機能が変わらなくなってきているので買い替えないことが多く、端末の値段が高くなっていることも影響しているのかもしれません。2022年は記録的な円安で、最新機種のiPhoneが全く売れなかったというニュースもありました。

　また、デバイスの形やサイズもさまざまなので、どこまでアプリケーションを対応させるかは非常に難しい問題です。エンジニアとデザイナーの悩みの種です。

※3　出典：https://mmdlabo.jp/investigation/detail_2055.html

画面サイズと解像度

● 図3-5　iPhoneの画面サイズ

　モバイルユーザーの多くは、親指を使って操作します。図3-5の各端末画面の黄色の範囲は親指が届く範囲です。スマホがどんどん大きくなるにつれて、指が届かないエリアが増えてきており、新しくなればなるほど、上部のエリアには指が届かないことがわかります。また、ケータイの落下防止用に背面に付けるリングがありますが、このリングを付けると持つ場所が固定されてしまうので、指が届く範囲も限定されてしまいます。最近では、指が届かないことを考慮して、Webブラウザの検索窓も下部に置かれることが増えてきました。

■ 親指ゾーンマップ

指の届かないゾーン

指を伸ばすゾーン

苦なく触れられるゾーン

● 図3-6　親指ゾーンマップ※4

※4　出典：大型化するスマホに対応する時に確認したい「親指ゾーンマップ」（https://uxmilk.jp/53903）

苦なく触れられるゾーン、がんばらないと届かないゾーン、届かないゾーンがあります。人種や男女による手の大きさや、利き手なども影響してきます。

●図3-7　iOSの「背面タッチ」

　ちなみに、iOSのアクセシビリティ設定で「背面タッチ」を有効にすると、背面タッチで画面全体を指が届くゾーンまで下げてくれる機能があります。また、利き手に応じて使いやすいようにキーボードの位置を調整することもできます。Androidにも同様の機能が「片手モード」といった名前（機種や端末で異なる場合がある）で搭載されており、ジェスチャーやボタンなどの操作で画面表示を一時的に縮小します。Androidのキーボードアプリとして最もよく使われている「Gboard」であれば、同じく「片手モード」という機能で、キーボードを「右寄せ」「左寄せ」「任意の位置」に配置できます。

■ スクリーンサイズ

　PCモニターやスマートフォンのディスプレイ表示の最小の正方形を、ピクセル（px）と呼びます。ピクセルの実寸サイズは端末ごとに異なります。

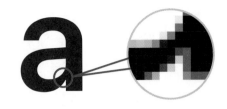

●図3-8　ピクセル

　アプリをデザインする際、フォントサイズ、パディングやマージンなどの余白の値をピクセルで表現することになります。px（ピクセル）は聞き慣れた単位だと思いますが、iOSとAndroidでも単位が異なります。iOSはpt（ポイント）、Androidはdp（ディーピー）です。しかし、Figmaなどのツールで UI をデザインするときには「1pt=1dp」と考えて問題ありません。単位は単なる尺度で、主に開発者の基準点として必要なものです。

　高解像度ディスプレイは、画素密度が高く、1倍、2倍、3倍と増加します。 最近では、2倍、3倍の高解像度ディスプレイが一般的です。

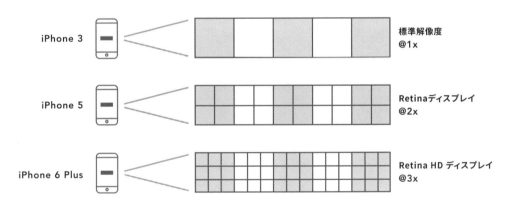

●図3-9　高解像度ディスプレイの仕組み

　Figmaや Adobe XD でスマートフォンの UI デザインを行う際は、等倍（375px）の画面幅で全体を作り、2倍、3倍、および必要な各解像度の画像に書き出します。

　また、スマートフォンでは、画面上下にデフォルトの検索バーやステータスバーが入ることを考慮してデザインしなければなりません。今後もデバイスの変化を追いつつ、どのデバイスでも統一感のあるデザインを行うことが必要です。

3-2　インタラクション

　デジタルデバイスのUIデザインは、印刷物のデザインとは違い、ユーザーがアプリケーションを操作する際の「インタラクション」が存在しています。その実装のためには、アフォーダンスやシグニファイア、メンタルモデル、4つの制約、慣習と標準など、いくつかの概念を理解しておく必要があります。これらを意識することで、ユーザーにとって使いやすく、直感的に操作ができるUIデザインを生み出すことができます。

　また、タップ以外の操作方法も考慮し、ユーザーが操作した際にどのような反応があるか、どのような結果がイメージできるかを考えることも重要です。UIデザインにおいては、デザインだけでなく、ユーザーとのインタラクションにも注目して、使いやすいアプリケーションを作り上げることが求められます。

・**アフォーダンスとシグニファイヤ**
　直感的に使えるUIであるためには、「アフォーダンス」と「シグニファイヤ」という概念の理解が必要です。

・**メンタルモデル**
　何かを見たときに、どのように動作したり機能したりするかの期待を「メンタルモデル」と呼びます。これを裏切るようなUIは使いにくく感じます。

・**フラットデザイン**
　現在のスマートフォンやパソコンのOSの主流は、フラットデザインです。以前は実物に近いデザインが採用されていたのに、フラットデザインが導入されたのは、なぜでしょうか。

・**ジェスチャー**
　タッチスクリーンデバイスに特有の機能として、「ジェスチャー」があります。これらの動きと機能を確認しておきましょう。

・**インタラクションと状態**
　「何かが起きた」ことをフィードバックによってユーザーに知らせます。デジタルデバイスで使用されるフィードバックには、視覚的、聴覚的、触覚的なものがあります。

アフォーダンスとシグニファイヤ

●図3-10　スーパーファミコンのコントローラー※5

　図3-10は、任天堂のスーパーファミコンのコントローラーです。年代によっては、初代ファミコンを触ったことがある人もいれば、NINTENDO64が初めて触ったゲーム機という人もいるでしょう。あるいは、PlayStation派やXbox派の人もいるかもしれません。

　では、この十字キーを触るとどうなるか、わかるでしょうか。人によって想定するゲームソフトが異なると思いますが、上を押すと上に行き、右を押すと右に進むといったイメージを持つでしょう。当たり前のように思えますが、なぜそうイメージしたのでしょうか。発展させて考えると、初見でも違和感なく使えるUIと、慣れていても使いづらいUIの違いは、どこにあるのでしょうか。

■ アフォーダンスとは

　デザインの文脈において、**アフォーダンス**とは、簡単にいうと「わかること」「想像できること」です。アフォーダンスには、たくさんのことが関係しているため、環境と人の間に生まれる相互関係ともいえます。たとえば、「十字キーだから、これで移動できそう」と理解できることです。

■ シグニファイアとは

　シグニファイアとは、形やアイコンなどのデザインを指します。シグニファイヤは、マークなどの形から、音や触感まで、知覚可能な標識の全てを示します。たとえば、コントローラーの「＋」の形や「▷」の形はシグナルです。

※5　スーパーファミコン コントローラーの使いかた (https://www.nintendo.co.jp/support/switch/controller/superfamicom.html)

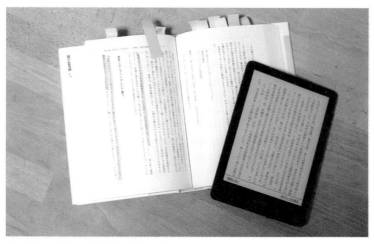

● 図3-11　紙の本と電子書籍の例

　紙の本であれば、400ページの本を半分くらいまで読んだら、残り200ページということは本の厚さでわかります。しかし、電子ブックには紙の本のような物理的構造がないため、UIデザイナーが手がかりを意図的に作らないと、どのくらいで読み終わるものなのかの**シグナル**がないのです。たとえば、

● 図3-12　kindle iOSアプリ

Kindleなどのアプリケーションでは、横向きのスクロールバーの位置やパーセンテージの表記といった別のシグナルでそれを解決しています。もしくは、「読み終わるまで残りXX分」のように、読み終わる時間まで予想してくれるサポートもあります。

　電子書籍では、紙の本と同じように、付箋を貼ったり蛍光ペンで目印を付けたりすることは物理的に不可能ですが、同じようにアフォーダンスするシグナルと機能がアプリケーションの中に実装されてます。

　逆に、普段の生活の中にもシグナルがないため、アフォーダンスすることができず、混乱してしまう場面があります。そういった「BAD UI」の例をいくつか紹介しましょう。オフィスや自宅のドアで、押すのか引くのか間違ってしまうドアはないでしょうか。あるいは、オフィスフロアのエアコンや照明のスイッチがまとめられて設置されていることがありますが、どのスイッチがどこに対応しているか、すぐにわからないことがあります。これらは、シグナルが正しく用意できていないので、ユーザーが触るとどういった反応が起きるかを想像できないことがBAD UIの原因になっています。

●図3-13 「Bad UI」の例

　また、「楽しいBADUIの世界」は、中村聡史さんが出会った駄目インターフェイスを紹介するサイトです。2018年10月でWebサイトの更新は止まっていますが、たくさんBAD UIな事例が紹介されています。

・楽しいBADUIの世界
　http://badui.org/

・『誰のためのデザイン？ 増補・改訂版 ―認知科学者のデザイン原論』（D. A. ノーマン 著、岡本 明、安村 通晃、伊賀 聡一郎、野島 久雄 訳／新曜社 刊／ ISBN978-4-7885-1434-8）
　　なぜ人はモノを使いやすいとか使いづらいと感じるのか。そういったことを認知科学の視点で説明した書籍です。UIデザイナーを目指すなら、必読の書籍です。

メンタルモデル

世の中にあるものの動作や機能に対して人が抱いている期待のことを「メンタルモデル」と呼びます。頭の中にある「ああなったらこうなる」といった「行動のイメージ」を表現したものです。ユーザーのメンタルモデルと実際のUI設計に差があると、使いづらいと感じてしまいます。初めて使うゲームコントローラーでも、既存のメンタルモデルを使うことで、感覚的に使えるわけです。

他にも、信号は「青（または緑）」は進む、「黄」は注意、「赤」は止まれというイメージは、体に染み付いているメンタルモデルです。この色の無意識の印象から、Webなどにおける表現でも、成功は「緑」、警告は「黄」、エラーは「赤」などの色を用いることが多くなっています。

● 図3-14　Fire HD 10 キッズモデル（https://www.amazon.co.jp/dp/B08F5NDBWV）

筆者には5歳の子供がおり、休みの日などにタブレット型のKindle Fire 10を使わせています。特に教えもしないのに、アニメやゲームを自分でタッチパネルを操作して使いこなしていることに驚かされます。我が家には、ほかにもiPhone、Amazonの壁掛け式タッチパネルデバイス（Echo Show 15）、テレビドアホン、ゲーム機のNintendo Switchなど、タッチパネルのデバイスが溢れています。そんな環境の中で、筆者の趣味である懐かしい任天堂のモバイルゲーム機「ゲームボーイ」を触らせたときの反応に笑ってしまいました。ゲームボーイの液晶部分をタップしてゲームを操作しようとしたのです。ゲームボーイは1989年に発売されたゲーム機なので、Nintendo Switchのように画面をタップすることはできません。

これはまさしく、子供のメンタルモデルとして「画面はタップして操作できるもの」という期待があったと考えられます。筆者がゲームボーイで遊んでいた30年近く前には「画面はタップして操作できるもの」というメンタルモデルはなかったので、時代とともに変化する証左ともいえます。その他の場面でも、ゲームボーイで文字入力が必要になった際に、音声入力しようとしたことにも続けて驚い

てしまいました。彼にとっては、AmazonのAlexaといったAI音声認識サービスもすでにメンタルモデルとして持っているということでしょう。

■4つの制約

制約をよく考えてデザインに利用すれば、まったく目新しい場面でも、人々が直ちに適切な行為を行えるようにできます。

物理的制約

例）丸、三角、四角の形

文化的制約

異国のレストラン

意味的な制約

例）車の向き

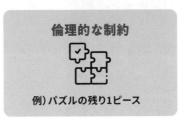

倫理的な制約

例）パズルの残り1ピース

●図3-15　4つの制約

○物理的制約

●図3-16　大きさと入れる向きという「物理的制約」がある

テレビのリモコンや電気式の玩具に乾電池を入れる際、単3型の差し込み口にそれよりも大きなサイズの単2型乾電池を入れることは物理的にできないですし、反対に小さな単4型乾電池を入れるとピタッとハマらず、間違っていることは一目瞭然です。乾電池のように物理的な制限があることを**物理的制約**と呼びます。また、乾電池のプラスとマイナスの向きが間違っていても入る器具もありますが、間違って入れるとたいていは動かない（あるいは、正しく動かない）ので、その場合は**物理的制約**が不足しているといえます。

◯ 文化的制約

配達パートナーを応援する

チップは、配達の1時間後に配達パートナーに贈られます。その時間になるまで金額を変更できます。

しない	5%	10%	15%	20%
	¥157	¥314	¥471	¥628

注文する

● 図3-17　Uber Eats

UberEatsのチップ機能など、いくらくらい払えばいいかといったことに、日本ではとまどう人も多いはずです。なぜなら、日本では「チップ」という習慣がないという文化的な問題が関わっているからです。

このように、世界的に認められた習慣か、一部の地域での習慣かといったことは**文化的制約**と呼びます。

◯ 意味的制約

よっぽど変わったものでなければ、自転車は走行する向きが前方と決まっています。そのため、前方を照らすためのライトをどこに設置するかは、自ずと制限されます。モノの持つ意味のために発生するので**意味的制約**と呼びます。

◯ 論理的な制約

40ピースのジグソーパズルで遊んでいて、残るピースは1つだけ、はまる場所も1つだけだとします。残りの1ピースははめる場所がわかるので、**論理的な制約**があったといいます。また、反対にピースは1つも残っていないのに、はめる場所が1つ余っているのならば、明らかなエラーです。きっとなくしてしまったんだろうとわかります。

■ 慣習と標準

アプリなどの機能やUIアップデートで「使いにくい！」と話題になることが多くあります。明らかに使いやすくなったとしても、多くの人は使い慣れているものに好意的です。

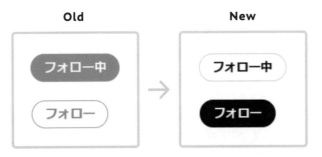

●図3-18　Twitterの「フォロー中」「フォロー」ボタンのデザイン

　Twitterは、2021年8月に、アクセシビリティ向上を目的とした大幅なUIアップデートを行いました[6]。その1つとして、フォロー中のボタンがベタの白抜きから白ボタンに変更されたものがありました。フォローしてほしいので、フォロー中よりもフォローボタンのほうが目立つようにするのであれば、改修後のデザインは理論的に正しいでしょう。しかし、これには「使いにくくなった」という多くの批判の声が挙がりました。なぜ批判が出てしまったのでしょうか。

　こういった場合の基準の1つに、多くのユーザーが使い慣れたUIに揃えるという考え方があります。使い慣れているアプリといえば、国や年齢、性別によっても変わりますが、TikTok、LINE、YouTube、Instagramなどは比較的多くの人が使用しています。Twitterの「フォロー中」「フォロー」ボタンデザインのアップデートも、使い慣れたアプリのボタンのルールに揃えられていたので、多くの人には使いやすくなったはずです。しかし、元からTwitterを使い続けているユーザーは、「フォロー中」のユーザーには青ベタの白抜きのボタンがあるという認識を持っていたので、アップデートで色が青からモノクロに変わった後も、黒ベタ色の白抜きが「フォロー中」であると勘違いしてしまいました。その結果、フォローが外れてしまったと認識し、再度フォローするためにボタンをタップしたつもりが「フォロー解除」になってしまい、クレームにつながったのです。

　デザインを変えることは、「顧客の家にこっそり忍び込んで、昼間の家具を（あなたにとって）使いやすい配置へと勝手に模様替えするのと同じ」という説明がとてもわかりやすいかもしれません。しかし、デザインをより良いものに変化していかなければ成長もイノベーションも起きないので、バランスが大事です。

※6　https://twitter.com/TwitterDesign/status/1425505308563099650

フラットデザイン

2010年 iOS 4.X

2022年 iOS 15.6

● 図3-19　iOS 4.2とiOS 15.6のホーム画面

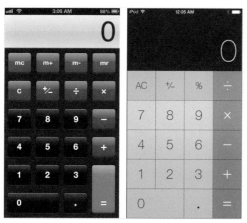

● 図3-20　テクスチャに死を：写真で比較する
iOS 6とiOS 7 Ars Technica※7

2007年にiPhoneが発売されました。アイコンのデザインは、2010年と2022年で異なります。当初は、ぷっくり立体感のあるデザインでした。元々あるオブジェクトをモチーフとして、デザインされています。ボタンには立体感があり、紙だったらめくれるようなあしらいになっていて、重なっているような影があり、触れられそうなザラザラした質感が再現されています。こういったデザインにすることで、使ったことがないタッチパネルのインターフェイスでも使い方をイメージできるようになっていたわけです。メモ帳は実際の物理的なメモ帳の見た目に、計算アプリは実際の電卓の見た目になっており、これは**スキューモーフィズムデザイン**と呼ばれていました。

現在では、立体的に見える要素の使用を最小限に抑え、簡略化した**フラットデザイン**で構成されています。では、スキューモーフィズムからフラットになったのは、なぜでしょうか。

スキューモーフィズムなデザインは使い方をイメージしやすい一方で、実物に引っ張られて機能が制限されてしまいます。たとえば、実際の書籍にはない、検索機能や読み終わるまでの時間表示といったものが挙げられます。フラットデザインにすることにより、こういった独自性のある機能がデザインしやすくなりました。つまり、スキューモーフィズムなデザインから抜け出すことで、オリジナルな機能を拡張していけるようになったわけです。しかし、フラットになりすぎると、どこがボタンかがわかりづらいといったデメリットも存在します。

※7　https://arstechnica.com/gadgets/2013/09/death-to-textures-ios-6-and-ios-7-compared-in-pictures/

ジェスチャー

| タップ | ダブルタップ | ドラッグ | フリック |

| スワイプ | ピンチアウト | ピンチイン | ホールド |

他にもマルチタッチジェスチャー/触覚タッチ/シェイクなど

● 図3-21　ジェスチャー

　スマートフォンやタブレットなどのタッチスクリーンデバイスは、画面を指で触って操作します。タップやスワイプなどの操作は知っていると思いますが、実は他にもたくさんの操作方法が存在します。その操作のことを総称して**ジェスチャー**といいます。タッチスクリーンデバイスを操作する際、どんなジェスチャーを使っているでしょうか。フリックとスワイプの違いはわかるでしょうか。

　ジェスチャーは、タッチデバイスで画面を操作するための重要な手段です。基本的なジェスチャーを確認しておきましょう。

・タップ
　項目を選択します。

・ダブルタップ
　2回の素早いタップで、コンテンツを拡大・縮小します。

・長押し
　追加のコントロールや機能を明らかにします。

・ドラッグ（パン）
　表面をスライドさせて、UI要素を移動させます。

・フリック
　表面をスライドさせて、視界に入れたり出したりします。

・スワイプ
　表面を水平垂直方向に移動させ、要素を動かしたり、ページ間を移動したりします。

・エッジスワイプ
タッチモニターの右端・左端から画面内へのスワイプすることで、アプリの切り替えや通知バーを
表示させます。
・ピンチ（イン/アウト）
画面を拡大縮小します。

　エンジニアとコミュニケーションする際には、正しいジェスチャー名でコミュニケーションを取らないと、食い違いが起きる可能性があります。また、珍しい操作としては二本指、三本指、四本指で操作するマルチタップジェスチャーや、シェイクと呼ばれるスマートフォンを振るようなカスタムジェスチャーも存在します。珍しいジェスチャーは使ったことがない人も多いので、採用するかは慎重に検討が必要です。
　ジェスチャーを採用する際は、他のアプリケーションと一貫性のある方法で対応してください。ユーザーはジェスチャーごとに期待するインタラクションを想定しています。OSのルールを知り、一般的なメンタルモデルにあったものを採用しましょう。

・Appleの「Human Interface Guidelines」内の「Touchscreen gestures」
https://developer.apple.com/design/human-interface-guidelines/inputs/touchscreen-gestures/
・Material Design
https://m2.material.io/design/interaction/gestures.html#types-of-gestures

インタラクションと状態

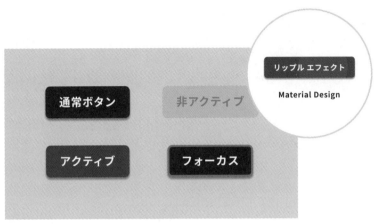

● 図3-22　フィードバックと状態

　インタラクションとは、日本語では「相互作用」と訳されます。たとえば、ユーザーの入力や行動に対して、どんな反応やフィードバックを返すかといったことを指します。**フィードバック**とは、ボタンを押すと凹んだり色が変わったり、押せないところはグレーになっているなど、「何かを操作した（していない）ことに対する反応」です。

　「何が行われたか」と「その結果として何が起きたか」の2つを伝える必要があるため、フィードバックで伝えるタイミングは、次のうちのどれかです。

- ・何かが起きた
- ・ユーザーが何かを実行した
- ・処理が始まった
- ・処理が終了した
- ・処理が続行中
- ・ユーザーに「それはできない」と知らせる

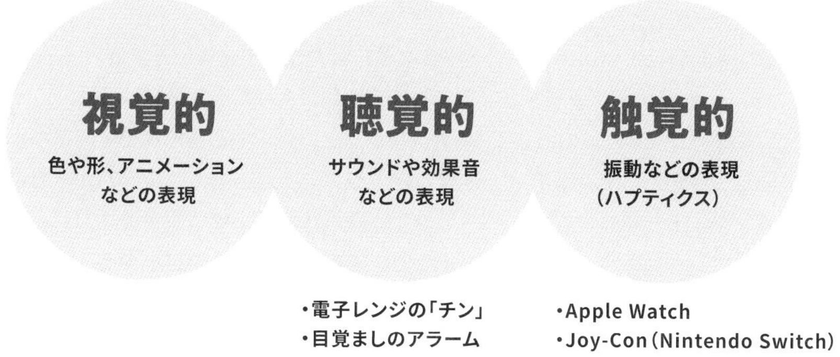

視覚的
色や形、アニメーション
などの表現
聴覚的
サウンドや効果音
などの表現
触覚的
振動などの表現
（ハプティクス）
・電子レンジの「チン」
・目覚ましのアラーム
・Apple Watch
・Joy-Con（Nintendo Switch）

●図3-23　フィードバックの形態

フィードバックの形態もさまざまです。ユーザーの理解を助けるフィードバックは、視覚だけでなく、聴覚や触覚的な要素も併せて検討します。

■フィードバックの種類

フィードバックには、五感のうち、主に視覚、聴覚、触覚によるものがあります。

○視覚的

フィードバックの大半は視覚によるものです。タップするとカラーが変わるボタン、トランジションによって切り替わる画面、パスワードの文字数が少ないと表示するエラーメッセージといったものがあります。通常は、視覚的なフィードバックから検討してみましょう。

視覚的なフィードバックには、アニメーションとメッセージの2種類があります。

9:41 AM
100%
Shipping Address
9:41 AM
100%
No Address Added Yet
ADD ADDRESS
Oops! It's Empty
CHECK OTHER CATEGORY

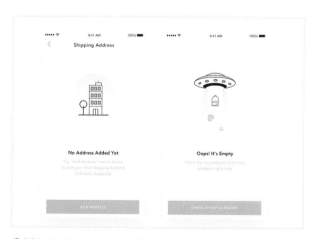

●図3-24　Empty States※8

※8　Empty States - Part 01 - App UI/UX Design Nimasha Perera（https://dribbble.com/shots/2865160-Empty-States-Part-01-App-UI-UX-Design）

○聴覚的

　機器に画面がない場合や、画面を見ずに操作している場合などに音が役立ちます。

　一般に、聴覚に訴えるフィードバックは「強調」と「警告」の2種類があります。強調は、通常、ユーザーが起こした動作に対して念押しするためのものです。ボタンタップに対して視覚的なフィードバックとセットで使うことが多く、効果的です。警告は、処理の終了やエラーといったシステムからの動作を知らせるために使われます。モバイルアプリケーションなどは、基本的にサウンドをオフにして使うことが多いので、音が出ていないと成り立たないような使い方は避けたほうが良いでしょう。あくまでも、音があるとより使いやすい、わかりやすいといった使い方が好ましいです。

　また、サウンドの種類は効果音と音声の2種類があります。たとえば、メールが届いたときのピコーンという効果音と、人間やコンピュータが発語した「You've Got Mail!」の音声では、どちらが好ましいでしょうか。効果音は短く一瞬で伝えられますが、とても抽象的です。たとえば、ロックを解除するのであれば、鍵をカチャっと開ける音といったように、ユーザーが連想できるような音が良いでしょう。音声は、一瞬で伝えられない代わりに、具体的なメッセージを表現できます。メリットとデメリットを考えて使い分けます。

○触覚的（ハプティクス）

　ハプティクスとは、触覚を通してフィードバックすることです。「バイブレーション」「バイブ」と呼ばれていることも多い機能です。スマートフォンやスマートウォッチには小さなモーターが内蔵されており、振動することでユーザーにフィードバックします。振動にもさまざまな種類があり、Apple Watchなどのスマートウォッチでは、腕を「とんとん」とノックされるような不思議な感覚の振動を感じられます。

　ハプティクスには2つの利用方法があります。1つ目は、実際に行っている動作の裏付けです。いいね！ボタンを押した際、視覚のフィードバックと一緒にハプティクスが使われることが多くあります。2つ目は、音声が利用できないときのアラートです。会議などでサウンドをオフにしていても、振動で通知を知らせることができます。

3-3 ナビゲーション

UIデザインでは、画面単体だけではなく、アプリケーションやWebサイト全体の構造をまず考えることが大切です。そのためには、インフォメーション・アーキテクチャ（IA）やナビゲーション設計などのフレームワークを使い、デザインを進めていきます。

また、モバイルデバイス特有の注意ポイントや、モバイルアプリならではのナビゲーション設計も紹介していきます。アプリケーションのUIをデザインする際に、ナビゲーション設計をていねいに行うことで、使いやすく、わかりやすいUIを実現できます。

・**ナビゲーション設計**

　アプリケーションやサービスで、求める情報にたどりつけるようにする「ナビゲーション」について、設計手法とともに紹介します。

・**ボタンの階層構造**

　ボタンにも優先度があり、名称も変わります。その違いを把握しておきましょう。

・**iOS と Android**

　iOS と Android の UI は、最近は似てきているように感じますが、それでも異なる部分があります。その違いを理解した UI 設計が必要です。

ナビゲーション設計

　ナビゲーションとは「標識」の意味で、身近なところでは「カーナビ（カーナビゲーション）」などはよく聞くでしょう。アプリケーションやサービスにおいて、膨大な情報から目的の情報にスムーズにたどり着けるようにするための機能です。ナビゲーション設計のためのフレームワークや基本のナビゲーションを学んでいきましょう。

■ カードソーティング

　カードソーティングとは、人々が情報をどのようにグルーピングし、個々のグループの意味や関係性をどのように捉えて、どんなグループ名を付けるのかを調べる手法です。デジタルインターフェイスやコンテンツ一覧などの情報設計に役立ちます。

　カードソーティングは、情報をカード型にして、机やホワイトボード上に並べ、並べ替えながら分類や分析を行います。一般に、大量の情報を扱うときは、どういったグループ構成が妥当であるかに絶対的な正解はありません。この方法では、情報を一覧にして複数の視点を同時に盛り込みながら分類を行うことで、比較しながら最適解を探せます。製品やサービスのメンタルモデルがきちんと反映されているかどうかを確かめましょう。

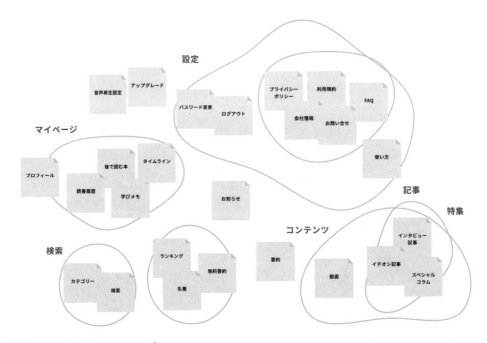

● 図3-25　カードソーティング

■ サイトストラクチャ

　Webサイトやアプリケーションの全体像を見えるようにすることが目的です。情報や機能を組織化し、論理的な構造をツリー図として表現した資料です。

　サイトストラクチャやサイトマップとして、まずは構造化して全体像を作ります。その際に大事なのが、階層の深さとカテゴライズの量です。たとえば、「食べたい料理を選択してください」といって30個の中から1つを見つけるのはとても大変ですが、メインやデザート、ドリンクといったようにカテゴリー別に分かれていると探しやすくなります。とはいえ、カテゴリーが細かく分かれていても、カテゴリー自体を探すのが大変になるので、バランスが大事です。

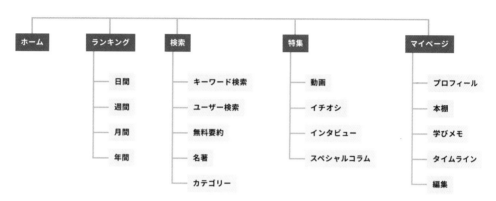

●図3-26　サイトストラクチャ

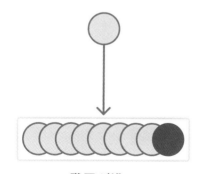

階層が浅い

目的のものに1クリックで到達できるが、
9個の選択肢を一度に検討しなければ
ならない

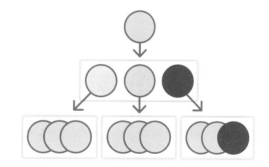

程度な階層

目的のものに到達するために2クリックが
必要だが、その都度3個の中から選べば良い

●図3-27　階層の深さとカテゴライズの量

■ フローチャート

　全体像が把握できたら、ユーザーの一連の行動をフローチャートに書き起こします。そして、それを元に画面遷移図を作成します。

書籍を探す

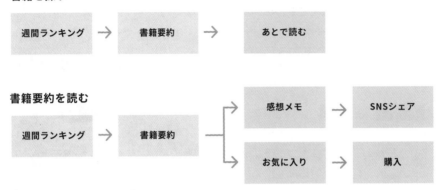

書籍要約を読む

● 図3-28　フローチャート

■ 画面遷移図

　画面がどのような順序で表示されるか、あるいは画面同士がどのような関連性を持っているのかを示した図解したものです。

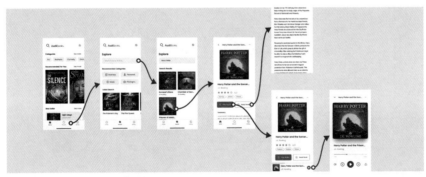

● 図3-29　画面遷移図の例

■ iOSの基本ナビゲーション

iOSには3つのナビゲーションがあります。基本的なナビゲーションなので、それぞれ紹介しておきましょう[9]。

○ 階層型

情報をリスト化し、リストの概要文やサムネイル写真を選ぶことで詳細画面へと進む、階層的に深く潜っていくようなナビゲーションです。別の目的地に行くには、画面を戻るか、最初からやり直して別の選択を選ばないとなりません。iOS標準のメールアプリが、このナビゲーションスタイルを採用しています。アプリで最も多いパターンです。

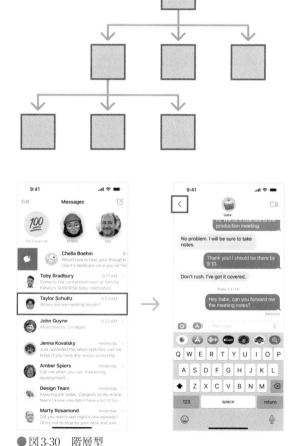

● 図3-30　階層型

※9　Navigation - Interaction - iOS Human Interface Guidelines
　　　https://codershigh.github.io/guidelines/ios/human-interface-guidelines/interaction/navigation/index.html

○平坦型

　平坦型は、同じ粒度のコンテンツを行き来するときに使うナビゲーションです。たとえば、地域別、アルファベットや五十音、時間、カテゴリーなどのリンクは、この形が採られることが多いです。iOSでは、タブバーが平坦型が該当します。お天気アプリや音楽アプリなどで使われています。

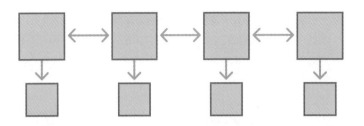

●図3-31　平坦型

○コンテンツ主導型（または体験主導型）

　内容型は、画面の中にナビゲーションが組み込まれていたり、コンテンツ自体がナビゲーションの
パターンです。ゲーム、書籍、その他の没入型アプリは、このナビゲーションスタイルを採用するの
が一般的です。

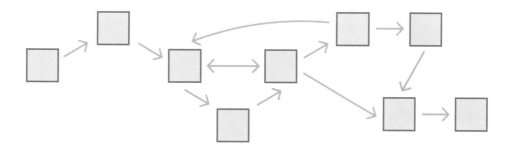

●図3-32　コンテンツ主導型

ボタンの階層構造

● 図3-33 ボタンの優先度

タイトルやコンテンツのように、ボタンにも重要なものとそうでないものがあります。一見してどれが重要かがわかることも大事ですし、ページごとに同じルールでデザインされていることもユーザーにとって親切です。クリック（タップ）するとリンク先に遷移するという動作は同じですが、優先度やコンテキストに応じて、「テキストリンク」「ボタン」「ナビゲーション」と名称が変わります。

ボタンの装飾で優先度を変えたとしても、1つのページに同じようなボタンがいくつもあると、どれが重要であるのかがわからなくなってしまいます。優先度の高いボタンは少なく、優先度の低いボタンは多く配置することを意識してください。

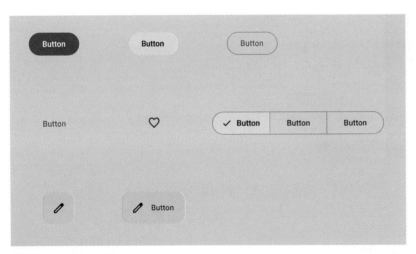

● 図3-34　ボタンバリエーション

・ボタン マテリアルデザインガイドライン
https://m2.material.io/components/buttons#text-button)
・モバイルボタンの最適なサイズと間隔
https://uxmovement.com/mobile/optimal-size-and-spacing-for-mobile-buttons/

iOS と Android

モバイルアプリのマーケットは Apple の iOS と Google の Android の 2 つに占められており、どちらのUIにも独自のガイドラインやルールがあります。初期のころは、ルールが鮮明に異なっていましたが、現在はお互いに徐々に近づいているようにも感じます。また、実際のサービスを見ても、両方のOSで同じように使われることを意図してデザインされているものを多く見かけます。

■ プライマリーナビゲーション

プライマリーナビゲーションは、この2つのOSの大きな違いです。iOSはページ下部にアプリバーがあり、Androidはページ上部にタブバーがあります。しかし、最近ではスマートフォンの画面サイズが大きくなり、頻繁に使う主要なナビゲーションが上部にあることは使い勝手が悪いため、iOSと同じようにナビゲーションバーを下に設置することが一般的になってきています。

■ 戻るボタン

iOSでは、戻るボタンは常に左上に表示されます。Androidのメインナビゲーションバーは、最近まで画面下方に配置されていましたが、Android 12（2021年10月リリース）ではiOSと同様に上部に移動しました。これは、Android 10から追加になった機能で、戻るボタンがない状態、つまり「ジェスチャーナビゲーション」というモードになっていることになります。設定画面から昔の3ボタンナビゲーションに戻すこともできます。

従来のタイプ	Android9より	Android10より
戻る・ホーム・履歴	戻る・ホーム＋履歴	ジェスチャーバーに変更

● 図3-35　Androidのメインナビゲーションバー

■ フレーム

UIをデザインするときのサイズは、iOS、Androidともにシェアが高い横幅のサイズを合わせ、高さは最新機種を基準に選んでいます。このサイズでデザインすることをお勧めします。

○サイズ

・iOS：375×812pt（iPhone 13 mini ／ iPhone X ／ iPhone XS）

・Android：360×800dp（Galaxy S21 など）

● 表3-2　日本のモバイル画面サイズシェア（2023年3月）[10]

解像度	シェア	主な機種
390 × 844	18.65%	iPhone 12 〜 14
375 × 667	14.35%	iPhone X
375 × 812	11.87%	iPhone 13 mini ／ iPhone XS ／ iPhone XS
414 × 896	10.99%	iPhone 11
360 × 640	5.13%	Galaxy S7 edge など

　iPhone は機種が少ない分、サイズも固定されるため、上位に上がりやすく、Android は機種が多いため、サイズにバラつきがあって順位が下がってみえます。

　実機でプレビューして確認する場合は、これらのサイズと横幅が一致する機種で確認しましょう。横幅が異なる機種で確認すると、実際よりもデザインが小さくなったり大きくなったりと、正しくテストができません。

■ フローティングアクションボタン

　Androidで使われている「フローティングアクションボタン」（FAB：Floating Action Button）は、画面上で最も重要なアクションに用います[11]。通常は、すぐにアクションできるように、右下のタップしやすい位置に設置します。ページをスクロールしているときにも、画面に固定で表示し続けます。

● 図3-36　フローティングアクションボタンの例（Googleマップ）

※10　Statcounter Global Stats - Browser, OS, Search Engine including Mobile Usage Share
　　　https://gs.statcounter.com/

※11　Add a Floating Action Button
　　　https://developer.android.com/develop/ui/views/components/floating-action-button

■ 最小のタップエリア

ボタンなどのタップさせるエリアのサイズには、iOS、Androidともに最小サイズのルールがガイドラインで定められています。iOSは44pt以上、Androidは48dp以上です。

MIT Touch Labの過去の研究によると、平均的な人の指先は1.6 ～ 2.0cm（0.6 ～ 0.8インチ）幅であることが判明しました[12]。一般的な親指のエリアはさらに大きく、平均 2.5cm（1インチ）の幅があります。ちなみに、日本人成人男性である筆者の人差し指は1.6cm、親指は1.8cmでした。ユーザーの身体的寸法を考慮したタップエリアの設計は、ユーザー中心設計の基本です。

これを守らなければ、ユーザーが指でタップしづらく、ユーザビリティが低くなります。

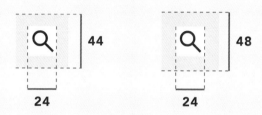

● 図3-37　iOSとAndroidの最小タップ領域

COLUMN	インフォメーション・アーキテクチャ（IA）

インフォメーション・アーキテクチャ（IA：Information Architecture）とは、情報を受け手が見つけやすく、探しやすくするための技術です。散らかった部屋を片付けて、どこに何があるかをわかる状態にするのと同じように、複雑な情報をわかりやすく設計するのがIAです。

ナビゲーションをデザインする前に、IAの手法を用いてさまざまな要素を定義する必要があります。これを専門とするインフォメーションアーキテクトという職種もありますが、UXデザイナーの業務範囲でもあります。

似たように言葉として「情報デザイン」がありますが、これは、情報をわかりやすく・理解しやすくすることです。

---

[12]　Touch Targets on Touchscreens
　　　https://www.nngroup.com/articles/touch-target-size

■ IAの成果物

・サイトストラクチャ
・ナビゲーション
・ワイヤーフレーム
・ラベル

3-4 UIパーツ名称と用途

スマートフォンと一口にいっても OS の違いや Web サイトなのかによって、できることや UI のルールが異なります。iOS や Android にはデザインガイドラインがあり、それぞれのプラットフォームが推進するレイアウトや UI コンポーネントが明記されています。

道路を通行するには交通ルールがあるように、アプリ UI をデザインするときもガイドラインに従うのが基本です。それぞれの UI には使い方のルールが明確に決まっているので、その作法を学ことが不可欠です。ガイドラインは膨大で、ここで全てを紹介することは不可能ですが、主要な UI コンポーネントを説明します。

・**UIコンポーネント名称と用途**
それぞれの OS の UI コンポーネントを紹介します。正しい名称と使い方（動作）を覚えることは、エンジニアとコミュニケーションを行う上でも、とても大事です。

・**その他**
UI モジュールは数多くあります。それほど重要ではないものは、ここで名称を紹介するだけに留めますが、それぞれのガイドラインを参照しておくことをお勧めします。

UIコンポーネント名称と用途

iOSとAndroidの代表的なUIコンポーネントの名称と基本的な使い方を覚えましょう。現役デザイナーでも名前を忘れてしまったり正確に覚えていなかったりしますが、正しい名前を使うことでエンジニアと適切なコミュニケーションができます。間違った名称でエンジニアとコミュニケーションすると、話が通じないだけではなく、最悪の場合には間違って実装されてしまうことすらあり得ます。正確な名前と動作を覚えることは、地味だけどとても大事です。

■ ナビゲーションバー（iOS）／トップアプリバー（Android）

アプリの画面上部に表示されるナビゲーションで、コンテンツの階層を移動できます。また、現在の画面について説明する「タイトル」も表示します。Webサイトでも同様のナビゲーションメニューを設置することがありますが、検索エンジンなどの他のサイトからトップページ以外に流入する場合があるので、サイト名のロゴも入れておくことが多いです。アプリの場合は、ユーザーが何のアプリかを認識して起動しているので、アプリの名称を表示する必要はなく、現在の画面についての説明にします。

画面上端にあり、時間、キャリア、バッテリー残量など、端末の現在の状態が表示されます。最近では、フロントカメラ（画面側のカメラ）が配置されていることが一般的で、フロントカメラを配置するためにディスプレイの一部にノッチ（切り欠き）と呼ばれるエリアが設けられているデバイスもあります。また、最近のAndroidでは、ノッチをなくし、ディスプレイの下にカメラを埋め込んだものも登場しています。iPhone 14 Proからは「ダイナミックアイランド」と呼ばれるエリアがあります。

● 図3-38　ナビゲーションバー（iOS）[13]／トップアプリバー（Android）[14]

■ タブバー（iOS）／ナビゲーションバー（Android）

アプリの主要なコンテンツの動線を設置するナビゲーションで、セクションを切り替えます。Androidでは、以前は「ボトムナビゲーション」と呼ばれていました。

※13　Navigation bars（https://developer.apple.com/design/human-interface-guidelines/components/navigation-and-search/navigation-bars）

※14　Top app bars（https://m3.material.io/components/top-app-bar/）

最も大事なナビゲーションなので、ここに何を設置するかによって、そのアプリがどういったものなのかがわかります。また、AppleのHIGには気を付けるべきことが記載されているので、その中から3点ほど紹介しておきましょう。

1つ目は「記事を投稿」といった、直接的にアクションを実行するボタンを設置しないことです。アクションなどのボタンは、「ツールバー」を使うように推奨されています。2つ目は、「タブ」の数は、ユーザーがアプリを操作しやすくするために必要な最小限にすることです。スペースも限られているので、5個以内が理想です。3つ目は、タブの中のページへ機能を詰めすぎないことです。よく使われる「ホーム」というラベルのタブは、情報の範囲が曖昧で範囲が広くなりすぎる傾向があります。各タブのコンテンツまたは機能の特定のラベルを表示することで、焦点を絞り、ユーザーにとって情報を探しやすくします。

なお、一般的な「タブ」の機能として使われるコンポーネントは、「セグメンテッドコントロール（iOS）」と「タブ（Android）」なので、タブバー（iOS）／ナビゲーションバー（Android）とは区別して使用してください。

●図3-39　タブバー（iOS）[15]／ナビゲーションバー（Android）[16]

■ タブ

同じ粒度のコンテンツを並べて、画面を切り替えるのに使います。iOSの場合は、「セグメンテッドコントロール」と呼びます。

●図3-40　セグメンテッドコントロール（iOS）／タブ（Android）

■ ツールバー（iOS）

ツールバーは、現在の画面に関連するアクションをページ下部に表示します。写真アプリであれば、共有、好き、情報、削除などの機能が入っています。頻繁に使う機能を入れるようにしましょう。タブバー／ナビゲーションバーにはコンテンツの動線を置くのに対して、ツールバーにはアクションを入れるようにします。

※15　Tab bars（https://developer.apple.com/design/human-interface-guidelines/components/navigation-and-search/tab-bars/）

※16　Navigation bar（https://m3.material.io/components/navigation-bar/）

●図3-41　ツールバー（iOS）

■ モーダルビュー（iOS）

　親画面の操作を一時的にストップし、独立した新しいモードでコンテンツを親画面に被さるように表示する画面です。操作を完了したり、ビューを閉じなければ元の親画面に戻れなくします。没入感のある体験や複雑なタスクへ集中させたい操作や、独立して自己完結したタスクに使います。たとえばKindleのiPhoneアプリを例にすると、読書を中断して、文字サイズや画面の明るさを変更する画面や、書籍詳細情報を確認するページがモーダルビューになっています。つまり、メインの読書というタスクの途中に全く違う操作や確認をユーザーに求める際に利用しています。気を付けるポイントとしては、モーダルビューの上に別のモーダル ビューを表示することは避けます。

●図3-42　Kindleアプリ（iOS）※17

※17　Modality（https://developer.apple.com/design/human-interface-guidelines/patterns/modality/

■ ドロワー（Android）

ナビゲーションドロワーは、メニューを表示するUIコンポーネントです。ドロワーは、ユーザーがアプリバー内の三本線のアイコンであるハンバーガーメニューをタップしたときや、画面の左端からスワイプしたときに表示されるメニューです。

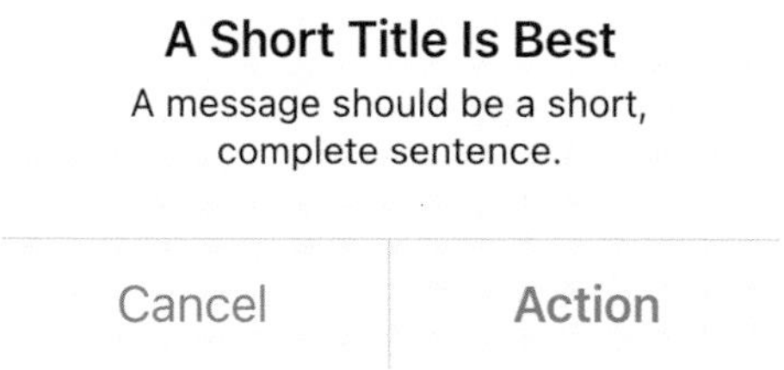

A Short Title Is Best
A message should be a short, complete sentence.
Cancel
Action

●図3-43　ナビゲーションドロワー（Android）

■ アラート（iOS）／ダイアログ（Android）

親画面を一度中断して、一時的な確認や操作をさせるための画面です。元の画面に被さるように、ダイアログボックスがポップアップ表示されます。ダイアログを終了するか、閉じるまで画面に表示されます。ユーザーに必ず確認させたいことや、必ず行ってほしい操作がある場合に使用します。iOSでは、ダイアログの中でも注意や警告など表すものに「アラート」がありますが、ダイアログとアラートの用途は同じと考えて良いでしょう。

A Short Title Is Best
A message should be a short, complete sentence.
Cancel
Action
Basic dialog title
A dialog is a type of modal window that appears in front of app content to provide critical information, or prompt for a decision to be made.
Action 2
Action 1

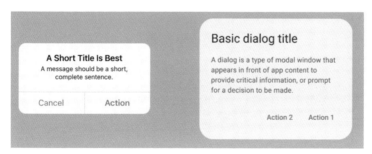

●図3-44　ダイアログ

■ アクションシート（iOS）／ボトムシート（Android）

　利用可能な選択肢が2つ以上あるときに使用し、画面下部に表示します。選択肢は3つまでに留め、削除といった重要なアクションのラベルは色調を変更して強調し、目立たせる必要があります。

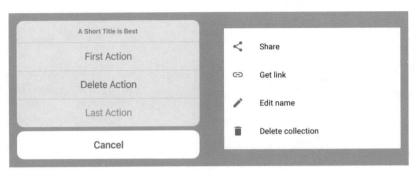

● 図3-45　アクションシート[18]／ボトムシート[19]

※18　Action sheets（https://developer.apple.com/design/human-interface-guidelines/components/presentation/action-sheets/）

※19　Bottom sheets（https://m3.material.io/components/bottom-sheets/）

その他

　ここまで紹介した以外にも、「ピッカー」「セグメンテッドコントローラー」「スライダー」「ステッパー」「スイッチ」「スピナー」「インジケーター」「テキストフィールド」「ページネーション」「カード」「ポップオーバー」「トースト」「ラジオボタン」「チェックボックス」「リスト」「メニュー」「ホームインジケーター」といったUIモジュールもあります。

●図3-46　その他のUIコンポーネント

　ここで紹介したのは一部です。Appleの『Human Interface Guidelines』とGoogleの『Material Design Guideline』を読み込んでください。UIデザイナーは必須で覚える知識が詰まっています。

3-5　アニメーション

　ボタンのインタラクションとして、アニメーションを用いたり、画面の遷移にトランジションという動きを付けることもUIデザイナーの重要な役割です。アニメーションというとハードルが高く感じるかもしれませんが、基本的なルールは決まっているものばかりなので、まず基本を覚えることから始めましょう。

　スマートフォンという小さな画面のデザインをする際に、見た目だけでは表現しきれない部分も多くあるので、ちょっとした動きを利用することでユーザー体験が大幅に向上します。ぜひチャレンジしてみましょう。

・**アニメーション**
アプリ内のアニメーションについて説明します。『iOS Human Interface Guideline』から、ポイントを紹介します。

・**トランジション**
画面遷移の際に使われる効果やアニメーションです。効果的に使うことによって、ユーザーのストレスを減らすことができます。どのようなものがあるのか、具体的に説明します。

・**イージング**
動きの加速や減速の表現です。うまく使うことで、自然で、心地よい動きにすることができます。代表的な動きを紹介します。

アニメーション

■ アプリ内アニメーションの重要性とは

　近年、モバイルアプリやWebサイトのUIデザインは平面的な表現が特徴のフラットデザインが主流となって、静的なデザインだけでは直感的に使いやすいUIを作ることが難しくなってきています。そこで、平面の画面に深度や位置関係を表現するインタラクションが使われることが増えてきました。大事な部分を注目してもらうためにユーザーの目を惹くだけではなく、演出として楽しいアニメーションを入れることもユーザー体験として効果的です。

　アニメーションやトランジションといったマイクロインタラクションは、開発に時間的な余裕がないと後回しにしがちな部分です。しかし、細部までこだわることでユーザーにより良い体験をもたらす重要な存在です。

■ アニメーションを付ける際のポイント

　先に紹介した『iOS Human Interface Guidelines』では、アニメーションについての章があります。それに沿って、ポイントを解説します。

○ ポイント1：標準のアニメーションに合わせる

　OSには、合理的で心地よいアニメーションがたくさん盛り込まれています。独自のアニメーションを作るのも良いですが、特に意図がない場合は、OSに実装されているアニメーションを利用したほうが良いでしょう。OSの機能やアプリ全体で、決まった操作ルールに則っていれば、ユーザーに新しく操作を覚える負担をかけずに済むからです。

○ ポイント2：複数箇所同時や、過度なアニメーションは付けない

　ゲームなどの没入型アプリケーション以外では、過度なアニメーションや複数箇所で同時のアニメーションは控えます。ユーザーが1つの操作や作業に集中できなくなってしまうからです。アニメーションは、適切に使えばわかりやすくなり、楽しく感じさせてユーザーの体験価値を向上させますが、過剰に使用するとユーザーが混乱するので注意が必要です。

○ ポイント3：本物らしさを重視したアニメーションを心がける

　物理法則に反するような動きがあると、ユーザーは混乱してしまいます。たとえば、左側からスライドして表示されるドロワーメニューがあった場合、メニューを画面外にしまう際は左に戻っていくようにしなければなりません。下にスライドして画面を戻す動きをユーザーは求めていません。

■ アニメーションスキルもUIデザイナーの重要なスキル

　従来は、UIデザインとアニメーションの作業工程は、完全に切り分けて進めることが主流でした。そのため、静止画のデザイン段階でバランスを良く仕上げても、アニメーションを実装したら表現が過度になってしまうという問題がたびたび起っていました。したがって、今日のデザイナーは、UIデザインとアニメーションを切り分けず、どんなアニメーションを取り入れるかを考えながらデザインを作るスキルが求められます。

トランジション

　トランジションとは、画面遷移時に使われる効果やアニメーションのことです。モバイルアプリでは、画面表示のスペースが限られているため、ユーザーに何回もページを遷移してもらう場合がありますが、そこでトランジションを効果的に使えば、ユーザーのストレスを減らし、無意識にアプリ操作方法を学習させる効果を期待できます。

　ここでは、一般的なトランジションを紹介していきます。どのような種類があって、どのように使い分けるのかを、例を見ながら確認していきましょう。また、トランジションが使われているアプリ例も一緒に記載しているので、どこで使われているか、実際にアプリをダウンロードして起動し、探してみてください。

　最近では、Figmaのようなプロトタイピングツールがよく使われるようになってきました。図3-47に示したのは、Figmaのプロトタイピングモードの実際の画面です。画面遷移先を選択した後に表示されるウインドウに、「効果（トランジション）」と「イージング」を設定する項目があります。トランジションやイージングの用途や特性を知って、アプリケーションに最適なアニメーションを付けましょう。

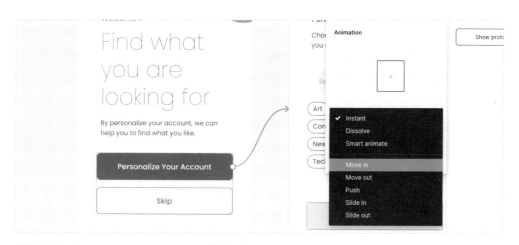

●図3-47　Figmaのインタラクションの設定パネル

■ プッシュ

●図3-48　プッシュ

　ページを左右に押し出すように移動させるトランジションで、よく使われる効果の1つです。FigmaやAdobe XDの効果（トランジション）で使うことができます。主に、ニュース記事のカテゴリーやカルーセル表示など、同階層で並列のコンテンツを見せるときに使われます。ジェスチャーにスワイプを使い、タブナビゲーションやページインジケーターで現在位置を表示します。一方、ドリルダウンのようなリスト型メニューで、右方向へ遷移するような階層型のナビゲーションに使われることもあります。この場合は、タップで遷移させて、階層を深く進んでいることを表します。

○ プッシュが使われているアプリの例
・グノシー（https://gunosy.com/）
・AbemaTV（https://abema.tv/）

■ スライド

● 図3-49　スライド

　プッシュに似ていますが、新しいページが上に覆いかぶさるように表示されるのが特徴のトランジションです。主にドリルダウンのような階層型の遷移に使われ、元の画面が左に移動し、次の画面が右からスライドしてくる動きが一般的です。タップを使って一階層下に遷移させ、ナビゲーションバーの戻るボタンで一階層上の画面に戻ります。同階層のページを横断的に移動することを表現するスライドとは使われ方が違うので、表現としても使い分けましょう。

○ スライドが使われているアプリ例

・Starbucks（https://www.starbucks.co.jp/mobile-app/）
・Gmail（https://mail.google.com/mail/）

■ フェード

● 図3-50　フェード

　よく使われるトランジション効果の1つで、透明度を徐々に上げ下げしながらページを切り替えます。徐々に画面が表示されるフェードイン（fade in）と、徐々に消えるフェードアウト (fade out)の2種類があります。Adobe XDの効果の項目では「ディザ合成」と表示されていますが、「ディゾルブ」と呼ばれることもあります。

　アプリを立ち上げた際に表示されるスプラッシュ画面からホーム画面に切り替わる際には、ページ全体に「フェードアウト」がよく使われます。また、コンテンツローディング後に情報を表示させる際には「フェードイン」をよく使います。

　自然でどんなページも馴染みやすいのが特徴で、他のアニメーションと合わせて使うことも効果的です。他のアニメーションと違って、動いたり変形したりしないので、少し気付きにくい動きでもあります。

○ フェードが使われているアプリ例

・WEAR（https://wear.jp/）

・Feedly（https://feedly.com/）

■ ズームイン／ズームアウト

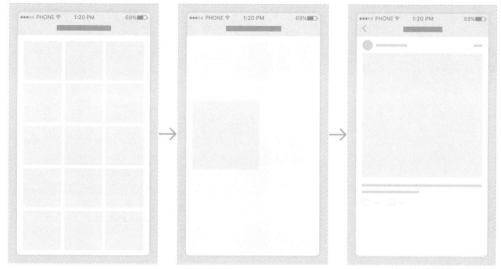

●図3-51　ズームイン／ズームアウト

　ページやコンテンツの一部を拡大、縮小表示するトランジションです。代表的な使い方としては、サムネイル表示の写真をタップ（クリック）すると、大きな写真画像のページに切り替える際に用います。ユーザーがどの画像をタップしたのかを認識させる効果があり、間違った操作をしてしまった場合に気付きやすいというメリットがあります。

○ ズームイン／ズームアウトが使われているアプリ例

・Amazon Photos（https://www.amazon.co.jp/b?ie=UTF8&node=5262649051）
・Pinterest（https://www.pinterest.jp/）

■ フリップ（回転）

●図3-52　フリップ

　カードをめくる、あるいはひっくり返す動きをイメージさせるトランジションです。裏表が対になったカードをイメージさせることから、複数の画面間の遷移に使うと不自然なので、使い方には気をつけてください。

　ソーシャルマガジンの「Flipbord」アプリは、中心を折り目として上下にフリップする効果をふんだんに取り入れています。実際のカードをひっくり返すような奥行きを感じさせる効果があるので、実物を触っているような印象を与えます。うまく使えば心地よく、印象的なユーザー体験となります。

○フリップ（回転）が使われているアプリ例

・Flipboard（https://ja-jp.about.flipboard.com/）
・Slack（https://slack.com/）

■ スライドアップ／ダウン

●図3-53　スライドアップ／ダウン

　元の画面はそのまま動かずに、新しいページが上に覆いかぶさるように表示されるトランジション
です。「UIパーツ名称と用途」で説明した「モーダルビュー」は、基本的にスライドアップ／ダウン
が使われています。スライドアップで表示された画面では、単一のタスクを行うことが一般的で、複
数タスクや縦に長いページを表示させる場合には向いていません。また、出てきた側にスライドして
戻るようにします。

○ スライドアップ／ダウンが使われているアプリ例

・Nike Training Club（https://www.nike.com/jp/ntc-app/）
・PayPay（https://paypay.ne.jp/）

イージング

イージングとは、動きの加速または減速に、緩急を付けることを指します。イージングをうまくコントロールした動きほど、自然でユーザーの目に留まらないものです。しかし、それがうまくできていない動きは、ユーザーに不快感を与え、ストレスになってしまいます。また、不自然な動きになっていると、使い勝手も悪くなり、混乱させてしまう原因にもなります。

■ イージングの種類

イージングの種類は細かく分けると山のようにあるので、ここでは、非常に代表的な「Linear」「EaseIn」「EaseOut」「Bounce」などを紹介します。

○ リニア（Linear）

速さに緩急のついていない動きで、一定の速度で動きます。Adobe XD では、イージングの「なし」がこれに当たります。

○ イーズイン（EaseIn）

スタートで急発進し、ゆっくりと止まる動きです。

○ イーズアウト（EaseOut）

イーズインの反対で、ゆっくりと動き出し、徐々に加速していく動きです。

○ イーズインアウト（EaseInOut）

スタートとストップの緩急が同じ動きです。

○ バウンス（Bounce）

ボールが地面に落ちて弾むような動きです。iOS や Andoroid のアプリでよく使われる動きなので、覚えておきましょう。

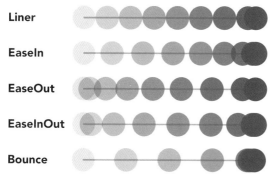

●図3-54　各イージングの動きのイメージ

■ イージングの付け方のポイント

　先に紹介したGoogleの「Material Design」では、モーションについても言及しています。どのアプリケーションでも共通となる必要な考え方なので、3つのポイントを紹介します。

○1. 自然な動き

　動きが機械的に見えないように加速減速の変化を付け、本物らしく自然に見えるようにします。物理法則に反するような動きがあると、ユーザーは混乱します。

○2. 早いモーション

　アニメーションにこだわると、動きがはっきりとわかるような冗長な表現になりがちです。動き終わらないと次の操作ができないと感じる場合は、モーションが遅い証拠です。ユーザーを待たせるとストレス原因につながるので、適切なアニメーションになることを意識しましょう。

○3. 動きに一貫性を設ける

　モーションを揃えることで、同じ機能やコンテンツだと認識させる効果があります。また、デザインと同様に、アプリ全体の統一感を出すこともできます。

　「Material Design」では、Motionのページでスライドアップやドロワーの際の具体的なイージングの数値も記載されていのるで、参考にしてください。

■ まずは真似る

　まずはInstagram、Twitter、LINE、TikTokなど、よく使われているアプリケーションを研究し、一般的な遷移方法を知ることが重要です。多くのユーザーが使い慣れたモーションを用いることで、ユーザーの学習コストが少なく使いやすいアプリケーションになります。次のステップとして、独自のアニメーションを考え、さらに使いやすく心地よい動きを考えることをお勧めします。

■ アニメーションアーカイブサイト

・Dribbble

https://dribbble.com/search/transition-app/

世界中のデザイナーが利用している、デザイナーのための招待制SNSです。特にUI/UXデザイナー
が多く利用しており、アニメーションやトランジションのすばらしい例も数多く投稿されています。

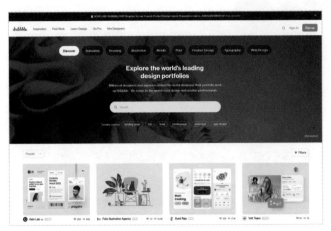

● 図3-55　Dribbble

・UI Movement

http://uimovement.com/

モバイルからWebまで幅広い種類のアニメーションがアーカイブされています。更新頻度が高く、
数も多くアーカイブされています。

● 図3-56　UI Movement

3-6

認知心理学、行動経済学

　心理学や行動経済学というと、デザインには全く関係ないように聞こえるかもしれません。しかし、デザインは、数多くの心理学から成り立っています。レイアウトやカラーなどのスタイリングも、ナビゲーションも、ユーザー体験も、認知心理学や行動経済学が応用できる部分がたくさんあります。難しく感じますが、知ると意外に身近で、理解すると納得できるものもたくさんあります。ここでは本格的には触れませんが、筆者がお勧めのものをいくつかご紹介します。

- ・**認知心理学**
  人間の認知活動を研究する心理学の分野です。ここでは代表的なものを紹介しているだけですが、認知心理学に基づいて人間の脳の働きを考慮してデザインすると、自然で使いやすいUIにできたり、よい印象を与えることが可能になります。
- ・**行動経済学**
  人間の行動を経済的な側面から研究する分野です。ときには不合理に見える行動をとってしまうことがありますが、そこには「バイアス」や「ナッジ」といった心の働きが関係しています。これらをデザインに採り入れると、自然な行動を促すことができます。

認知心理学

　認知心理学とは、知覚、記憶、思考など、人間の認知活動を研究する心理学の分野です。たとえば、1つの物事を認識する際に、過去の記憶などからどのように情報処理するかを研究します。**行動経済学**とは、「人々が直感や感情によってどのような判断をし、その結果として、どのような影響を及ぼすのか」を研究する分野です。また、「心理学」とは、「人間の心や考えを科学的アプローチから解き明かそうとする学問」です。

　「Laws of UX」は、複雑でハードルのある心理学をデザイナーに身近なものにしたいと制作者が立ち上げたサイトです。特にデザイナーにとって有益な21の心理学的原則をわかりやすく解説しています。また、日本語の書籍も発売されており、そこには、12個がていねいな説明と併せて書かれています。

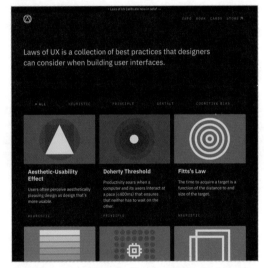

● 図3-57　Laws of UX（https://lawsofux.com/）

　認知心理学から、デザインに関連する代表なものを3つ紹介しましょう。説明を見ると当たり前なものばかりに感じるかもしれません。

■ ヤコブの法則

　ヤコブ・ニールセンが発表したもので、「ユーザーはさまざまなサイトを使ってきたので、同じようなパーツがあれば同じような挙動をすることを期待する」というものです。つまり、ユーザーはよく使うサイトやアプリと同じ挙動を期待するので、異なるUIやインタラクションがあると違和感を覚え

たり、間違った操作をしてしまうということです。

　筆者も、一般的なUIをデザインする際は、対象ユーザーの多くが利用しているアプリを必ず参考にします。Chapter 3の「インタラクション」でも紹介しましたが、多くの人が使用している「TikTok」「LINE」「YouTube」「Instagram」「Twitter」などのアプリで慣れているUIに合わせたり、参考にしたりします。たとえば、ハートアイコンのボタンであれば、「Like」や「いいね！」のようなアクションを想起させますが、それが実はブックマーク機能だとすると、ユーザーは間違って理解してしまう可能性があります。

■ ヒックの法則

　「意識決定にかかる時間は、選択肢の数と複雑さで決まる」というものです。最近のテレビリモコンにはボタンがたくさんあるので、希望する操作のボタンを見つけるのに苦労したことはないでしょうか。ナビゲーションの階層の説明でも述べたように、選択肢が増えることで意志決定に時間がかかってしまいます。ちなみに、テレビには、ボタンなどを減らした「シンプルリモコン」が付属している機種もありますが、この法則を活かしたものといえるでしょう。

■ 美的ユーザビリティ

　見た目が美しいデザインは、より使いやすいと感じられるものです。なぜなら、見た目が美しいと、人の脳にポジティブな反応を生み出し、うまく機能すると受け取られるからです。また、些細な使い勝手の悪さに対しても寛容になります。

　たとえば、多少ユーザビリティが悪いという問題点があるアプリケーションであったとしても、文字が読みやすく、配色に好感が持て、レイアウトが美しければ、使いやすいと感じてしまいます。美しいかどうかはユーザーそれぞれの感性で変わりますが、デジタルのインターフェイスも第一印象が重要だということです。

■ ピークエンドの法則

　「ある出来事に対する評価は、全体の総和や平均ではなく、ピーク時と終了時にどう感じたかで決まる」というものです。人間が過去の出来事を思い出すとき、全体を思い出すのではなく、感情のピークと終わりの瞬間に焦点を当ててしまう傾向があるので、その瞬間に細心の注意を払うことが効果的です。

　たとえば、商品を購入する際、アプリケーションを使い始めて使い終わるまでのカスタマージャーニーの中で、ピークは商品のボタンをクリックして購入する瞬間で、終わりは家に届いた段ボールの中から商品を取り出すときでしょう。サービスに良い評価が欲しい際は、カスタマージャーニーの中でピークとエンドに注力すべきだといえます。

　また、人はポジティブな経験よりも、ネガティブな経験をより鮮明に思い出すものです。筆者もサービスの利用時にネガティブな経験をしただけで、「もう二度と使わない！」となった経験があります。つまり、ネガティブな結果をユーザーに出すような場合、たとえばエラー画面や検索結果に何も見つ

からなかった画面などには、ユーモアを入れたデザインやその次の行動をサポートするような文章などで、ネガティブな結果を緩和することがとても効果的ということです。

■ お勧め書籍

・『UXデザインの法則』（Jon Yablonski 著、相島 雅樹、磯谷 拓也、反中 望、松村 草也 訳／オライリー・ジャパン 刊／ ISBN978-4-87311-949-6）

　　英語であれば無料でWebサイトでも閲覧できますが、事例も含めてていねいに描かれた書籍もお勧めです。本書では4つしか法則を紹介していませんが、この書籍では12個が紹介されています。

行動経済学

経済を数学的手法により研究する学問を「経済学」といい、経済学に心理学的な観察の事実を取り入れていく研究手法を「行動経済学」といいます。行動経済学は、人間の思考のクセや不合理性など、人々の特性が経済にどう関係するのかに焦点を当てた学問です。

筆者が行動経済学を知ったのは、2012年から2018年までEテレで放送されていた『オイコノミア』という若者向けの経済学のテレビ番組がきっかけでした。お笑いタレントであり小説家の又吉直樹さんと経済学者の大竹文雄教授のやりとりがおもしろく、行動経済学を説明する際に切り離せない「バイアス」と「ナッジ」という言葉も初めて覚えました。

ここでは、行動経済学の書籍の中でもデザイナーにもわかりやすく書かれている中島亮太郎さんの『ビジネスデザインのための行動経済学ノート』を参考に、筆者が特に注目した用語を紹介します。

■ バイアス

無意識に人間の意思決定に影響を与える思考のことです。「これは、こういうものだ」という事前の認識があることで、物事を素早く処理し、負荷のかかる心理的な処理は本当に必要なときだけに絞って判断できています。しかし反対に、ネガティブな先入観が思考や知覚を歪めてしまい、最終的に不正確な判断や不適切な判断につながってしまうこともあります。

■ ナッジ

ナッジとは「小突く」という意味です。軽くヒジでつつくようにユーザーを後押しして、好ましい選択ができるように、そっと仕向けるための方法です。私利私欲のために強要したり、あからさまに誘導する方法は「スラッジ」(汚泥という意味)と呼びます。条件や選択肢などを提供することによって、ユーザーの行動を変えるための後押しができるようになります。たとえば、店舗のトイレなどに「いつもキレイに使っていただいてありがとうございます」と書いたポスターを貼り、汚さないように使うことを促します。

■ ピア効果

仲間(peer)と一緒に活動することで、単独で取り組んだ場合よりも個々のパフォーマンスが上がることを「ピア効果」といいます。特に、目的を同じくする仲間であれば、同じ環境で切磋琢磨することで、モチベーションが上がったり、より高いレベルを目指したりといったことが起こります。もともとは教育分野で注目されていた考え方ですが、現在ではさまざまな場面で活用されています。

●図3-58　スクーの「人気の学んだ投稿」機能

■ バンドワゴン効果

　多くの人が同一の選択肢を選ぶことによって、その選択肢を選ぶ人がさらに増えることを「バンドワゴン効果」といいます。行列できるお店に並んでしまう心理です。

　たとえば、SNSの「いいね！」によって拡散されることや、オンライン予約サイトで「ただいま○○人の予約がありました」などとポップアップ表示されることも、この効果を活用しているといえます。

■ ゲーミフィケーション

　勉強や運動などを続けるために、楽しませたり、やる気にさせたりといった遊びの要素が有効です。社会学や文化人類学では以前から「遊び」が注目されており、最近は「ゲーミフィケーション」という言葉も注目を集めています。

　たとえば、ECモールで「○店舗以上のお買い物でゴールド達成！　ポイント○倍！」といったキャンペーンを実施しているのは、「もう1店舗で買い物したら、レベルが上がってポイントも増える」となる心理状態をうまく使ったものといえるでしょう。こういったキャンペーンでは、ゲーミフィケーションだけではなく、「友達に紹介する」機能があったり他のユーザーの成績をランキング化したり、ここで紹介した他の効果も組み合わせていることがほとんどです。

■ エンダウドプログレス効果

「案ずるよりも産むが易し」といわれるように、とにかく始めてみると、意外と物事が進むし、やる気も起きるものです。ユーザーの最初の一歩の行動はハードルを低くし、成長を感じられるようにするほど、続きやすくなります。このような心理効果を「エンダウドプログレス効果」といいます。最初からすでに1つスタンプが付いているカードなど、スタートの時点で進んでいると、ユーザーのやる気につながります。

COLUMN	ダークパターン

認知心理学や行動経済学を使って、ユーザーが意図しない行動を採らせたり、ユーザーを騙して不利益な行動に誘導したりするテクニックのことをダークパターンと呼びます。

アカウント登録時に、メルマガ送信許諾のチェックボックスがデフォルトでオンになっていたり、希望していないプラグインの追加インストールの許諾がオンになっていたりといった経験は一度はあるでしょう。あるいは、ECサイトで実際には期限が存在しないのにタイムセールとして購入を急かされ、つい商品を買ってしまったことはないでしょうか。

ビジネス要件やマーケティング要件だけを重要視して、ダークパターンのデザインを採り入れて、ユーザーを騙すようなことはあってはいけません。倫理観を持ってデザイナーは武器を使う必要があります。短期的にビジネスに効果が出ても、ユーザーにメリットがなければ、長期目線でユーザーが離れていくことにつながります。

認知心理学や行動経済学は、あくまでもユーザーが直感的に操作できたり、思い通りに目的を達成するのを後押ししたりするための道具であるということを忘れないでください。

■ お勧め書籍

・『ビジネスデザインのための行動経済学ノート ―バイアスとナッジでユーザーの心理と行動をデザインする』（中島 亮太郎 著／翔泳社 刊／ISBN978-4-7981-6993-4)

行動経済学の書籍は数多くありますが、UI/UXデザイナーには、実際のデザインやサービスに活かせるイメージが湧きやすい内容になっているので、お勧めです。人が影響を受ける39のバイアスと行動を変えるキッカケとなる11個のナッジは読むだけでも「へ〜」「なるほど」とおもしろく、勉強になります。

Chapter

4

デザインシステム

4-1 デザインシステム

　デジタルプロダクトのデザインに一貫性を持たせるために必要となる、ドキュメントや部品、ガイドライン、実践方法などを含む総称を「デザインシステム」と呼びます。組織内で一貫したデザインを実現するには、どのようなルールでデザインが作られているのかを明確にすることが大切です。このためにデザインガイドがあり、多くの場合、「デザイン原則」「スタイルガイド」「パターンライブラリ」の3つで構成されています。

　スタイルガイドについては、タイポグラフィやカラーなどの基本をGoogleの「Material Design」を参考に説明していきます。スタイルガイドを導入することで、デザインに一貫性を持たせることができます。デザインシステムは大規模なプロジェクトだけでなく、小規模なプロジェクトでも役立ちます。

・**デザインシステム**
「デザインシステム」の概念を確認します。
・**国内、海外のデザインシステム**
実際に使われているデザインシステムを紹介します。
・**ビジュアルアイデンティティ（VI）**
ブランドを象徴するデザイン要素を総称して「ビジュアルアイデンティティ」と呼びます。
・**「Human Interface Guidelines」と「Material Design Guideline」**
デザインシステムとしては、最重要ともいえるAppleの「Human Interface Guidelines」とGoogleの「Material Design Guideline」を紹介します。本書では、至るところで参考にしています。

デザインシステムとは

　デザインシステムという言葉は、聞きなれないかもしれません。「デザインガイドライン」「スタイルガイド」「ブランドガイド」など、似たような言葉が数多くありますが、デザインシステムとは何でしょうか。

　デザインシステムとは、デジタルプロダクトで一貫性のある良いデザインを提供するための仕組みです。筆者が所属するスタートアップ企業は5人という少人数のデザインチームですが、ビジュアルデザインやUIデザインを作るときに、どの表現や体験が自社サービスにとって「正しい」か、また「らしい」かを悩むことが多々あります。それぞれが自由気ままにデザインを作ってしまうと、デザイナーによってトーンや体験の軸がブレてしまい、本当にユーザーへ届けたいコンテンツや体験が伝わりません。ましてや、もっと多くのデザイナーが所属している会社や、複数のサービスやプロダクトを提供している企業であれば、なおさらでしょう。そして、サービスを作るのはデザイナーだけではありません。開発を行うエンジニアも、コンテンツを作るチームも、ユーザーと接点のあるカスタマーサクセスも、セールスもコーポレートも、多くの人がサービスを支えており、デザインはその全ての人の指針となるものです。

　デザインシステムは、ただのスタイルガイドラインと勘違いしがちですが、会社として持つデザインフィロソフィーから、実際のコードとして実装されたUIコンポーネントまで、広い範囲を包括しているものです。

■ メリット

・ルール化されてるとスピードが早く効率的に開発できる
・複数サービスがあるときなどでも、ブランドに一貫性が持てる

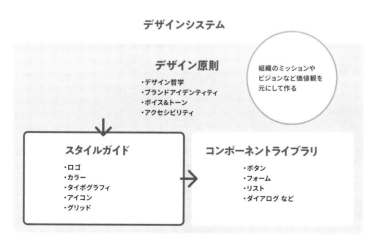

●図4-1　デザインシステムの構成

　デザインシステムは大きな概念で、その中に、「デザイン原則」「スタイルガイド」「コンポーネントライブラリ」を包括しています。サービスを運営している大きな企業であれば、自社のデザインシステムを作っていることが多いです。

■ デザイン原則

　サービスをデザインするときに、どういったルールに基づくのか、フィロソフィーやポリシーを考えます。企業のミッションやビジョンを元に考えることが基本です。**デザインのマニフェスト**と呼んでもよいでしょう。プロジェクトメンバー間で優先順位が一致するように、デザイン原則を理解して把握する必要があります。

■ スタイルガイド

　そのサービスらしいブランドカラー、書体、写真のテイストなど、見た目に関わるスタイルデザインのガイドラインです。

■ コンポーネントライブラリ

　Webサイトやアプリケーションの UI を構成するボタンやフォーム、リスト、ダイアログなどのサービス共通で使用するパーツをまとめます。Chapter 4 では、主にスタイルガイドに当たる UI のスタイリングについて詳しく触れていきます。

　デザインシステムの作成にはとても時間がかかるものなので、年単位の時間をかけて、複数人のデザイナーやエンジニアでチームとして作成していきます。すでにリリースされているサービスなどの既存機能の改修、あるいは追加機能の作成の場合は、このデザインシステムを使って UI デザインを行います。しかし、新規事業やスタートアップなどで全く新しくサービスのデザインを考える際は、まず最初に最低限のデザイン原則やスタイルガイドなどを作成し、それからデザインに取り掛かります。そうしないと、そのサービスらしさをデザインに反映できていなかったり、一貫性のないデザインになってしまう原因になるからです。

●図4-2　iOS 16 UI Kit for Figma by Joey Banks

国内、海外のデザインシステム

国内、海外の代表的なデザインシステムで、外部からも確認できるように公開しているものを紹介します。

■ SmartHR

人事労務系のSaaSサービスである「SmartHR」[※1]は、デザインシステムを公開しています。SmartHRのデザインシステムがすばらしいのは、アクセシビリティの範囲です。サイトのトップにも「だれでも・効率よく・迷わずに。」というコピーを最も大きく載せていますが、その「だれでも」という想いを体現したガイドラインです。

● 図4-3　SmartHR Design System（https://smarthr.design/）

■ LINE

日本でのデファクトスタンダードのメッセンジャーアプリ「LINE」も、デザインシステムを公開しています。LINEのデザインシステムの興味深い点は、UXの範囲が規定されているところです。「ブランドブック」として、デザインの指針を1冊の書籍にまとめているところもユニークです。2022年のグッドデザイン賞をデザインシステムとして受賞しました。

※1　https://smarthr.jp/

●図4-4　LINEのデザインシステム（https://designsystem.line.me/）

●図4-5　LINEのデザイン哲学や文化、働く環境などを紹介する書籍『LINE GROUND』

■ そのほかのデザインシステム

・freee ブランドガイド
　　https://brand.freee.co.jp/designelements/logo/
・Dropbox Design Standards
　　https://dropboxdesignstandards.com/

- Atlassian Design System
    https://atlassian.design/
- Shopify Polaris
    https://polaris.shopify.com/
- Spectrum, Adobe's design system
    https://spectrum.adobe.com/

■ 参考文献

・『Design Systems —デジタルプロダクトのためのデザインシステム実践ガイド』(アラ・コルマトヴァ 著、佐藤 伸哉 監訳／ボーンデジタル 刊／ ISBN978-4-86246-412-5)

事例を多く交えながら、デザインシステムとは何かといった基本から、どんな風に作り始めれば良いかまで、ていねいに書かれています。自社ブランドのデザインシステムを作ることになった人は必読です。

ビジュアルアイデンティティ（VI）

　ブランドの価値やコンセプトを可視化したロゴデザインなどを中心に、カラーやタイポグラフィ、グラフィックといったブランドを象徴するデザイン要素一式を総称して**ビジュアルアイデンティティ**（VI：Visual Identity）と呼びます。

　サービスの想いやブランドを一貫性を持って正しくユーザーに届けるためにデザインシステムが存在していますが、ブランディングやビジュアルアイデンティティに関わる部分も多くあります。

　たとえば、化粧品やスイーツといったようにデザインが印刷物やパッケージの範囲に収まる商品などの場合は、デザイン原則やスタイルガイドまでの範囲をVIと呼ぶことが多いです。Webやアプリケーションといったサービスを持つプロダクトや企業は、コンポーネントライブリも含めたデザインシステムを作ることが一般的です。

　ただし、VIというキーワードは、Webやアプリケーションなどのデジタルサービスの中でも使用する場合があり、少し違った意味で使われることもあります。

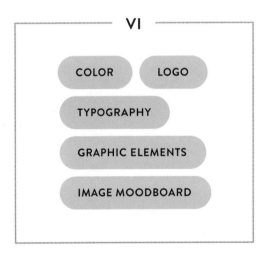

●図4-6　ビジュアルアイデンティティの範囲

　デザインシステムもVIも、企業やサービスがどうありたいのか、どんな経営理念を持っているのかをベースにして作成します。したがって、デザイナーだけではなく、経営者や経営メンバー、マーケティングチームと一緒に作り上げていきます。

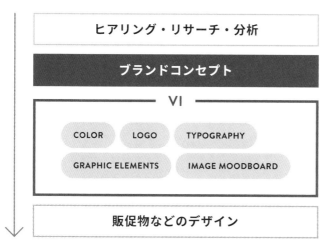

●図4-7　VI作成の流れ

■ ブランドコンセプト

　VIを作るには、まずベースとなるブランドのコンセプトの文章化と資料化が必要です。経営者やステークホルダーに対して事業戦略チームと協力してヒアリングを行ったり、マーケティングチームと市場のリサーチや分析を行いながら、ブランドコンセプトを形にしていきます。

　ブランドコンセプトの例として、次の5つの項目をまとめていきます。

1. ターゲット（ペルソナ）
2. ブランドコンセプト
3. ブランドパーソナリティ
4. ブランドポジション
5. トーン・オブ・ボイス

■ 1. ターゲット（ペルソナ）

　どんなお客さまに商品やサービスを届けたいかという**ペルソナ**を作成します。なるべく多くのユーザーに届けたいという話になることも多いのですが、そうなると戦略が曖昧になり、実際には誰にも届かないという失敗に陥りやすくなります。ターゲットを具体的に絞ることが、ブランディングを成功させる秘訣です。ペルソナの詳細は、「2-3　定義」の「ペルソナモデル」を参照してください。

■ 2. ブランドコンセプト

ブランドのコンセプトとして、どんな価値（ベネフィット）があるのか、競合となるサービスや商品がある中でこのサービスを選ぶ理由は何かについて、文章やコピーにしていきます。事業戦略やマーケティングの部署と協力して進めます。

ブランドの属性は、「機能的価値」「感情的価値」「体験的価値」の３つに分けることができます。この３つの属性を土台として、ブランドの価値を見出します。まず実質的な機能的価値を出します。たとえばAmazonのオーディオブック「Audible（オーディブル）」を想定して考えてみると、12万冊以上の書籍をプロの朗読者による高品質な朗読で楽しめるといったことが挙げられます。次に、感情的価値です。サービス企業やサービスのビジョンを踏まえて、ユーザーにどう感じてほしいかを検討します。Audibleの場合、Amazonのサービスなので安心感があり、大人でスマートでかっこいいなどでしょうか。最後は体験的価値です。つまり、UXに当たる部分です。これもAudibleで考えると、忙しい人が通勤時間や家事の合間に読書が楽しめるようになり、充実した生活を送れるようになったなどといった具合です。

■ 3. ブランドパーソナリティ

ブランドの「人格」を洗い出します。経営者や社員などへのインタビューからキーワードを集めます。ここでは、今現在、どのような人格であるのかではなく、**どうありたいか**をまとめます。通常、キーワードは形容詞で表すことが多く、「信頼できる」「やさしい」「親切である」「真面目である」などといった属性を出します。経営者や社員などからキーワードを集めると、共通して出てくる単語や、全く同じではなくても似たような単語が出てくれば、それらをピックアップしていきます。

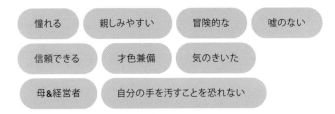

●図4-8　ブランドパーソナリティのキーワードの例

■ 4. ブランドポジション

縦軸と横軸を引いて、ブランドの強みや特徴をポジショニングします。自社のブランドがどこにあるのか、また競合はどこにあるのかをマッピングします。競合ブランドと差別化を行うことがマーケティング戦略の鉄則なので、差別化できる２つのキーワードを両軸に設定します。１つのポジショニングマップだけにこだわる必要はないので、さまざまな軸で考えてみます。これを作ることで、目指したいブランドの方向性が可視化されます。

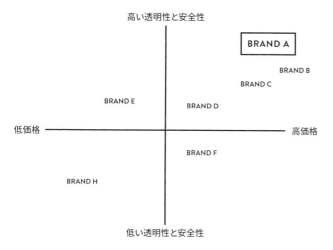

●図4-9　ブランドのポジションマップの例

■ 5. トーン・オブ・ボイス

　ブランドパーソナリティとしてキーワードを集めるのとは別に、サービスのトーンを決めていきます。具体的には、パーソナリティが実際にしゃべるとしたら、どんなトーンで話をするのか、たとえば、かしこまっているのかカジュアルなのか、あるいは、ビジネスライクな話し方なのか優しくリラックスした口調なのかといったことを考え、複数人でワークショップ形式で認識を揃えます。

　コピーライターやUXライターと一緒に作成できれば、より具体的で適切なものにできます。作成したトーン・オブ・ボイスは、実際のプロダクトのUI上のラベルやメッセージ、グラフィック、あるいはカスタマーサクセスの応対メッセージなど、あらゆるユーザーとの接点で使われます。

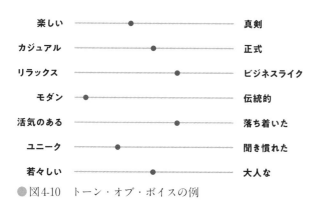

●図4-10　トーン・オブ・ボイスの例

■ ムードボード

言葉だけでは伝わりづらい部分もあるので、具体的なトーンをビジュアルでも考えていきます。ここでは具体的にデザインを作ったりするのではなく、ありものの写真やイラスト、装飾など、トーンを表すビジュアルを並べていきます。実際のWebサイトやアプリケーションのスクリーンショット、雑誌の切り抜きや書体、花、車、テレビ番組など、チームでイメージを共有できるのもであれば、何でも構いません。

ムードボードは、デザイナーがFigmaやAdobe Illustratorなどで用意することもあれば、Pinterestなどの画像や動画の共有・ブックマークサービスを使って簡易的に作ることもあります。ムードボードを作ったことがないのであれば、まずPinterestで作るところから始めることをお勧めします。

●図4-11　ムードボードの例（Pinterest）

■ お勧め書籍

・『ニューヨークのアートディレクターがいま、日本のビジネスリーダーに伝えたいこと ―世界に通用するデザイン経営戦略』（小山田 育、渡邊デルーカ瞳 著／クロスメディア・パブリッシング 刊／ISBN978-4-295-40295-4）

専門用語ではなく、わかりやすい言葉でブランディングついて書かれています。具体的なブランディングの手順や成果物まで書かれており、筆者にとっては何度も読み返しているバイブル的な書籍です。

「Human Interface Guidelines」と 「Material Design Guideline」

　鉄板のデザインシステムは、Apple の「Human Interface Guidelines」と、Google の「Material Design Guideline」の2つです。UI デザイナーであれば、必ず目を通すべきデザインシステムです。専門学校や企業のデザイナー研修でも、必ずこの2つには触れます。

■ Human Interface Guidelines（HIG）

　Apple の **Human Interface Guidelines** は、Apple のデザインの哲学とデザインガイドラインをまとめたものです。Mac や iPhone、iPad、Apple Watch、Apple TV など、すべての Apple プラットフォームに適用されます。HIG は、ユーザーフレンドリーな UI を作成するためのデザイン規則や推奨事項が書かれており、UI デザイナーにとって非常に重要な存在です。HIG はページ数も膨大ですが、優れたユーザーエクスペリエンスを提供するためには、これに目を通すことはアプリケーションの UI デザイナーやエンジニアにとって必須といえるでしょう。1978年の初版から、日々更新され続けているガイドラインです。

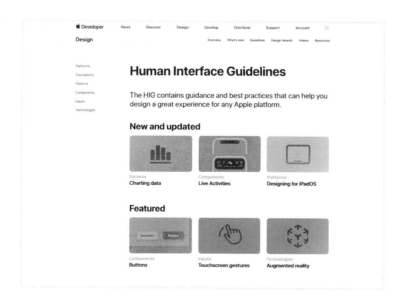

Chapter 4

デザインシステム

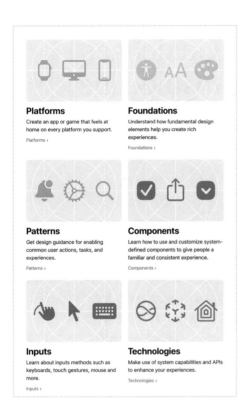

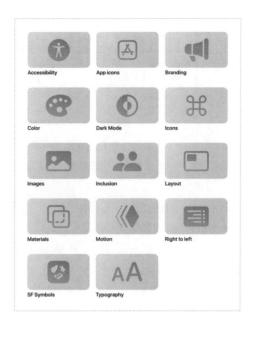

●図4-12　Human Interface Guidelines（https://developer.apple.com/design/human-interface-guidelines/guidelines/）

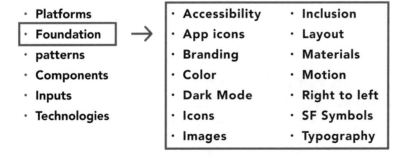

●図4-13　Human Interface Guidelinesの概要

■ Material Design Guideline

Material Designは、Googleが作成したデザインガイドラインです。デスクトップからモバイル、腕時計などのウェアラブルデバイスまで一貫性を持って同じ体験ができるように設計されたUIフレームワークです。フラットデザインに似ていますが、紙とインクをメタファー（比喩）とし、奥行きを持つという特徴があります。

最新バージョンはMaterial 3（M3）ですが、Material 2（M2）のほうがガイドラインも充実しています。基本は変わっていないので、M2も一緒に確認してください。徐々にM3も拡充されていくでしょう。

ここでは、Material Design GuidelineのStyleをベースに、UIデザインのスタイリングの基礎を説明します。M3では6項目ですが、M2では12項目に分かれていて、Sound（音）やMotion（動き）、Machine Lerning（機械学習）の項目から成っているのが興味深いポイントです。

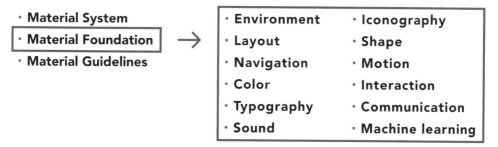

● 図4-14　Material Design 2の概要

■ Material Designの歴史

2014年に最初のMaterial Designガイドラインが発表されました。当初は、ガチガチにルールが定められているという印象で、Material Designガイドラインを守ったデザインにすると、どのブランドも同じ見た目になり、差別化できないという問題点がありました。2018年に「Material Theming」が発表されると、それぞれのブランドでデザインの差別化ができるようにルールが緩和されます。最新の「Material You」では、さらにユーザーのスタイルに合わせてカラーがカスタマイズできるようになりました。Material Designは時代に合わせて多様に変化を続けています。

・2014 Material Design 1（M1）：一貫性
・2018 Material Design 2（M2）：Material Theming ／ブランドアイデンティティの尊重
・2021 Material Design 3（M3）：Material You ／ユーザーニーズや個性を尊重

●図4-15　Material You（https://material.io/blog/announcing-material-you）

●図4-16　Material Design（https://m3.material.io/）

「Human Interface Guidelines」や「Material Design Guideline」は、デザインの教科書的なサイトなので、デザイナーを目指している人やUIデザインを勉強している人は必ず見てほしいサイトです。英語ですが、オンライン翻訳サイトを活用すればストレスなく読めるはずです。Google翻訳でも問題なく読める日本語に翻訳できますし、筆者は人工知能技術を用いた精度の高い翻訳サービス「DeepL」（https://www.deepl.com/）を利用しており、こちらもお勧めです。

Material Designでは、HIGとは違って、アニメーションから写真、タイポグラフィなどについて細かく書かれています。Material Designのガイドラインではあるものの、デザインの基本となるルールやテクニックが網羅されており、デザインを学ぶ上で役に立つ情報が詰まっています。

専門学校などでUIデザインの授業を行う際は、必ずこの2つのガイドラインを生徒に説明し、読み込むように説明しています。

4-2 タイポグラフィ

　情報デザインにおいて、テキストは最も重要な要素の1つであり、タイポグラフィの知識はUIデザインにおいても不可欠です。ここでは、タイポグラフィの基礎と必要なスキルについて説明します。

　タイポグラフィの基礎としては、セリフとサンセリフの違いや、フォントの種類について学んでいきましょう。フォントはデザインにおいて非常に重要な役割を果たしており、正しいフォントの選択によってデザインの印象を大きく変えることができます。また、タイポグラフィに必要なスキルには、文字間隔や行間隔の調整、フォントサイズの選択などがあります。これらのスキルを習得することで、より読みやすくわかりやすいデザインを作ることができます。

- **タイポグラフィに必要なスキル**
  モダンタイポグラフィの巨匠、ヤン・チヒョルトが記したタイポグラフィの基本原則を確認します。現代のデジタルデバイスになっても、この基本は変わりません。
- **タイポグラフィの基礎**
  タイポグラフィに必要となる「書体」「ウェイト」「字間」「行間」「行長」「大きさ」「混植」という6つの要素について学びます。

タイポグラフィに必要なスキル

　文字は情報デザインの中の要の要素です。文字の扱いを身に付ければ、ビジュアルデザインの要素を半分以上制したことになるといっても過言ではありません。印刷物などの情報デザインもアプリケーションもUIデザインも、基本的な要素として文字がたくさん使われています。タイポグラフィを習得することがデザイン上達の必須条件といってもよいでしょう。

　ドイツのモダンタイポグラフィの巨匠ヤン・チヒョルトは、1952年に出した『書物と活字』※2で、タイポグラフィに必要なことは「良い書体を選択する」「文字組版上のバランス良い構成を作る」「統一感に気を配る」の3つだと記しています。筆者もしばらく勘違いしていたのですが、タイポグラフィとは、文字を装飾したり、かっこよくデザインすることだけではありません。チヒョルトが記したのは、まだDTPやインターネットも存在しない時代で、メディアが紙からデジタルデバイスに変わって解釈に多少の変化があるかもしれませんが、今でも基本は変わりません。

チヒョルトはイギリスに住み、ペンギン・ブックス社から出版された500種類以上のペーパーバックのリデザインの監修を務め、「the Penguin Composition Rules」として文字組のルールを規格化した。彼はペンギン社の本（特にペリカン・シリーズ）の見た目を統一したり、今日では常識となっている文字組の規格を導入しつつも、表紙や扉ページに様々なバリエーションを設けて、最終的な見た目はそれぞれ個性を出せるようにした。

出典：Wikipedia※3

■ 1. 良い書体を選択する

　フォントの中にも、読みやすいものと読みづらいもの、コンテンツに合っているものと合っていないものがあります。まず良い書体を選べるというスキルが必要です。また、内容にあった書体を選ぶことも重要です。

■ 2. 文字組版上のバランス良い構成を作る

　インターネットもデジタルでデバイスもない時代の話なので紙媒体のタイポグラフィに話が寄っていますが、スペーシングに配慮して誌面に調和をもららすことの重要性は変わりません。

■ 3. 統一感に気を配る

　集中できるように統一感を意識し、1行の中にもストレスを作らないようにします。

※2　『書物と活字』（ヤン・チヒョルト 著／朗文堂 刊／ ISBN4-947613-46-7）
※3　https://ja.wikipedia.org/wiki/ヤン・チヒョルト

タイポグラフィの基礎

■ タイポグラフィの要素

　タイポグラフィは、主に「書体（フォント）」「ウェイト」「字間」「行間」「行長」「大きさ」「混植」という6つの要素から成っています。それぞれ説明していきましょう。

■ 書体

　まずは書体を選ぶところから始まります。なお、書体のことを「フォント」と呼ぶのはやめましょう。フォントは書体のデータのことを指すので、正確に「書体」と呼ぶようにしてください。

　書体は、大きくセリフ系と、サンセリフ系に分けられます。「サン」とはフランス語で「ない」という意味で、セリフのない書体を意味しています。つまり、最初にセリフ書体ができて、その後からサンセリフ書体ができたということがわかります。アルファベットの書体のことを「明朝体」や「ゴシック」と呼ぶ人もいますが、それは間違いです。「明朝体」や「ゴシック」は和文書体（日本語書体）に使う名称です。欧文書体では「セリフ」「サンセリフ」と正しく呼んでください。

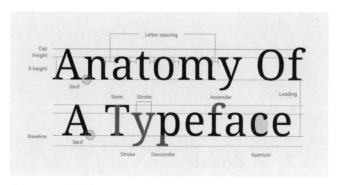

●図4-17　欧文書体のエレメント名称

■ セリフ書体

　代表的な書体には、次のようなものがあります。

・Baskervill（バスカーヴィル）

・Bodoni（ボドニ）

・Didot（ディド）

・Garamond（ギャラモン）

・Times New Roman（タイムズニューローマン）

■ サンセリフ書体

代表的なサンセリフ書体には、次のようなものがあります。

- ・Gill Sans（ギル・サン）
- ・Helvetica（ヘルベチカ）
- ・Optima（オプティマ）
- ・Avenir（アベニール）

❶EB Garamond, old-style serif
❷Libre Baskerville, transitional serif
❸Libre Bodoni, didone / neoclassical serif
❹Bitter, slab serif

●図4-18　セリフ書体

❶Work Sans, grotesque sans serif
❷Alegreya Sans, humanist sans serif
❸Quicksand, geometric sans serif

●図4-19　サンセリフ書体

■ システムフォント

　Androidのデフォルトの欧文フォントは**Roboto**で、和文フォントは**Noto Sans Japanese**※4 です。Noto Sans Japaneseは、AdobeがGoogleと共同開発したオープンソースのフォントファミリーである**源ノ角ゴシック**が使用されています。

Roboto Thin	欧文 **Roboto**
Roboto Light	
Roboto Regular	和文 **Noto Sans CJK JP**
Roboto Medium	**（源ノ角ゴシック）**
Roboto Bold	
Roboto Black	话 话 话 话 话 **话** 话　SIMPLIFIED CHINESE
Roboto Thin Italic	吳 吳 吳 吳 吳 **吳** 吳　TRADITIONAL CHINESE
Roboto Light Italic	
Roboto Italic	あ あ あ あ あ **あ** あ　JAPANESE
Roboto Medium Italic	
Roboto Bold Italic	한 한 한 한 한 **한** 한　KOREAN
Roboto Black Italic	

●図4-20　RobotoとNoto Sans Japanese

※4　https://fonts.google.com/noto/specimen/Noto+Sans+JP

Noto Sansは、2023年現在1,000以上の言語と150以上の文字体系に対応しているので、多言語展開するときに非常に有用です。ラテン文字、中国語、アラビア語、ヘブライ語、すべてのインド系文字から、エジプトの象形文字や絵文字まで、世界のほぼすべての文字体系（スクリプト）のフォントを収録しています。どの文字体系を並べて使っても調和のとれたタイポグラフィが可能です。

● 図4-21　Noto Home（https://fonts.google.com/noto/）

iOSのデフォルトの欧文フォントは、**San Francisco**（SF）で、和文フォントは**ヒラギノ角ゴシック**です。**SF Pro Display**は20pt以上の見出しのサイズに使用され、それ以下のサイズでは、読みやすさを向上させるために**SF Pro Text**の使用を推奨しています。文字サイズに合わせて視認性が高まるように、Appleはいくつかのファミリーを持っています。

| 欧文 | **San Francisco** |
| 和文 | **ヒラギノ角ゴシック** |

● 図4-22　San Franciscoとヒラギノ角ゴシック

■ ウェイト

ウェイトとは、フォントのラインの太さを指します。多くのフォントで、太さ（bold、thin）のバリエーションが用意されています。また、傾きのあるイタリック（Italic）やオブリーク（oblique）、通常よりも横幅を狭くデザインしたコンデンス（Condensed）や広くデザインしたエクステンド（Extended）

など、複数のバリエーションが用意されています。そのフォントとバリエーションをまとめたセットを「ファミリー」と呼びます。太さや字幅などを変えると見た目の印象や、視認性が変わります。

❶ Light
❷ Regular
❸ Medium
❹ Bold

● 図4-23　Robotoのウエイト

■ 字間（Letter spacing）

アルファベットの**Letter spacing**とは、テキスト内の文字と文字の間隔を均一に調整することです。「均一にする」とは同じサイズの幅を開けるという意味ではなく、同じ余白に見えるようにする（**カーニング**）ことがポイントです。見出しなどの大きな文字サイズでは、読みやすさを向上させるために文字間隔を狭くし、文字と文字の間のスペースを小さくしています。反対に小さな文字サイズでは、文字間隔を緩くすると、各文字の形状のコントラストが増すため、読みやすさが向上することがあります。

Webやアプリの場合、印刷物と違ってデザイナーが細かく字間を調整することは難しく、「トラッキング」といって、全体の間隔のみを調整することがほとんどです。

xyMd

● 図4-24　字間

字間などを具体的にコントロールすると、どのように変わるでしょうか。一般に、小さい文字は、字間を開いていると読みやすく、字間を詰めると読みづらくなります。小さな文字は潰れて見えるからです。反対に、大きな文字は字間を開いているとスカスカと見えてしまうので、詰めると読みやすくなります。ここでは読みやすさだけを軸として説明していますが、ブランドのトーンによっては、読みやすさよりも「らしさ」を重視することがあります。たとえば、詰まっていれば力強く感じ、空いていればスッキリしていて優しい印象を与えるといったようなことが挙げられます。

読みやすさは、ユーザビリティ（使いやすさ）やアクセシビリティ（誰もが使えるか）、またユーザーエクスペリエンス（良い体験）にもつながるので、UIデザインの中でも重要です。

北十字とプリオシン海岸

「おっかさんは、ぼくをゆるして下さるだろうか。」

いきなり、カムパネルラが、思い切ったというように、少しどもりながら、急きこんで云いました。

ジョバンニは、

（ああ、そうだ、ぼくのおっかさんは、あの遠い一つのちりのように見える橙いろの三角標のあたりにいらっしゃって、いまぼくのことを考えているんだった。）と思いながら、ぼんやりしてだまっていました。

「ぼくはおっかさんが、ほんとうに幸になるなら、どんなことでもする。けれども、いったいどんなことが、おっかさんのいちばんの幸なんだろう。」カムパネルラは、なんだか、泣きだしたいのを、一生けん命こらえているようでした。

「きみのおっかさんは、なんにもひどいことないじゃないの。」ジョバンニはびっくりして叫さけびました。

「ぼくわからない。けれども、誰だって、ほんとうにいいことをしたら、いちばん幸なんだね。だから、おっかさんは、ぼくをゆるして下さると思う。」カムパネルラは、なにか自分に決心しているように見えました。

俄かに、車のなかが、ぱっと白く明るくなりました。見ると、もうじつに、金剛石や草の露つゆやあらゆる立派さをあつめたような、きらびやかな銀河の河床の上を水は声もなくかたちもなく流れ、そ…

Letter spacing: Title +5% / Body −5%

北十字とプリオシン海岸

「おっかさんは、ぼくをゆるして下さるだろうか。」

いきなり、カムパネルラが、思い切ったというように、少しどもりながら、急きこんで云いました。

ジョバンニは、

（ああ、そうだ、ぼくのおっかさんは、あの遠い一つのちりのように見える橙いろの三角標のあたりにいらっしゃって、いまぼくのことを考えているんだった。）と思いながら、ぼんやりしてだまっていました。

「ぼくはおっかさんが、ほんとうに幸になるなら、どんなことでもする。けれども、いったいどんなことが、おっかさんのいちばんの幸なんだろう。」カムパネルラは、なんだか、泣きだしたいのを、一生けん命こらえているようでした。

「きみのおっかさんは、なんにもひどいことないじゃないの。」ジョバンニはびっくりして叫さけびました。

「ぼくわからない。けれども、誰だって、ほんとうにいいことをしたら、いちばん幸なんだねえ。だから、おっかさんは、ぼくをゆるして下さると思う。」カムパネルラは、なにかほんとうに決心しているように見えました。

俄かに、車のなかが、ぱっと白く明るくなりました。見ると、もうじつに、金剛石や草の露つゆやあらゆる立派さをあつめたような、きらびやかな銀河の河床の上を水は声もなく…

Letter spacing: Title −5% / Body +5%

●図4-25　字間を調整前（左）と字間を調整後（右）

タイポグラフィの要素の7つのうち、書体（フォント）、ウェイト、字間の3つを説明しました。では、この3つの要素だけを用いて、「Schoo」のロゴタイプを実際にデザインしてみましょう。

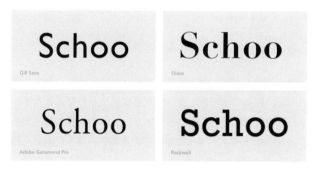

●図4-26　書体の違い

図4-26を見ると、書体を変えるだけで雰囲気が変わることがよくわかります。

●図4-27　ファミリー内で表情を変えたもの（レギュラー、ボールド、コンデンス（長体）、イタリック）

　図4-27は同じファミリーの中で、ウエイトやコンデンス、イタリックと書体を変えたものですが、かなり雰囲気が変わります。

●図4-28　フォント、ファミリー、字間を調整したもの

　図4-28は合わせ技です。フォント、ファミリー、字間を調整することで、ガラッと印象が変わります。一気にやってしまうとデザイン初学者は混乱してしまうので、タイポグラフィを構成する要素を分解して、1つ1つ試してみるとわかりやすいでしょう。

■ 行間（Leading）

　タイポグラフィの7要素の話に戻って、4つ目の行間について説明しましょう。行と行の余白を**行間（Leading）**と呼び、文字の大きさによって、視認性を考慮した調整が必要です。行間も見やすさに関わる重要な部分です。文字と文字の上下の空きは、小さい文字や本文はしっかり取らないと読みにくくなります。一般に、ベースラインから次の行のベースラインまでの本文テキスト行間は、和文の場合、フォントの高さを100%としたときに、170〜180%くらいの空きが、見出しは140〜150%くらいの空きがあると、読みやすくなります。この行間は絶対的な決まりはなく、この数字はあくまでも筆者がいつもベースにしている基準です。また、和文と欧文でも空き具体は異なります。

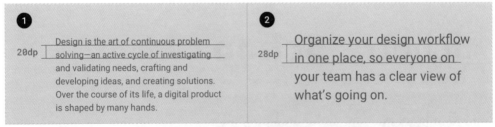

●図4-29　❶文字サイズ：14dp、Line-height：20dp、❷文字サイズ：20dp、Line-height：28dp

■ 行長

　文章をストレスなく読みやすくするには、行の長さにも気を付ける必要があります。行長が短すぎると何度も何度も改行で文章が途切れて目で追うのもが疲れますし、長すぎるとどこまで読み進めたかを迷いやすく、やはり目で追うのが疲れて読みづらく感じます。デスクトップPCなどの画面の大きなデバイスの場合、本文の行の長さは欧文で40〜60文字が理想的だとされています。スマートフォンの場合は、デバイスの特性上、横幅には限りがあるので最大の行長は気にしないことが多いのですが、行長が短くなりすぎることがないように気を付けてください。

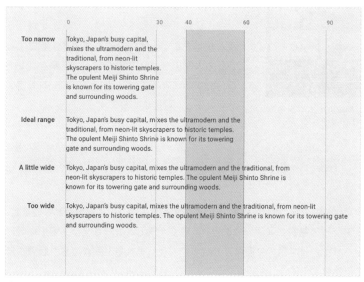

● 図4-30　理想的な行の長さ

■ 大きさ

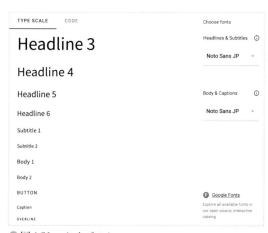

● 図4-31　タイプスケール

　書体の大きさを選びます。「Display」「Title」「Body」など、レイアウトする場所でスタイルがある程度決まっており、情報の重要度を考えて文字の大きさを選びます。ルールを作ったり守ったりすることは面倒ですが、コンテンツの中で書体にルールがなく、大きさや太さなどのスタイルがいくつも混在していると、使う側が情報を見分けるのに苦労します。また、ビジュアル的にもバラバラした悪い印象を与えてしまいます。

■ ジャンプ率

小さい文字と大きな文字の差を**ジャンプ率**といいます。Kindleで小説のような文章を読む場合は、本文とタイトルなど文字のジャンプ率が少なく、落ち着いてゆっくり読めることが求められます。反対に、NewsPicsの登録画面は見出しの部分の文字のジャンプ率が大きく、インパクトがあります。新聞や雑誌など、ジャンプ率が高いと読みづらくなりますが、インパクトや勢い、にぎやかしさ、メリハリなどを付けることができます。情報の読みやすさを考慮することも大事ですが、文字のジャンプ率をコントロールすることで、コンテンツのトーンを使い分けることが可能になります。

●図4-32　ジャンプ率の低いkindle（左）と、ジャンプ率の高いNewsPicksのランディングページ（右）

■ 混植

欧文（アルファベット）や和文（漢字、カタカナ、ひらがな）の書体を混ぜて使うことを**混植**と呼びます。日本では、アルファベット、アラビア数字、漢字、カタカナ、ひらがなと、さまざまな文字を同時に扱います。単純に、アルファベットと日本語の2種類に分けずに、それぞれも文字ができた起源や形の特徴を意識して扱うことで、見やすく美しいタイポグラフィができるようになります。

●図4-33　混植の例

　文字の大きさがある程度揃っている和文と、大文字や小文字の関係で文字の高さがバラバラな欧文をバランスよく混ぜて組むことは簡単ではありません。

　試しに、FigmaやAdobe XDなどのデザインツールで、アルファベットはSan Francisco、和文はヒラギノゴシックを使い、同じサイズで混植してみてください。文字のウェイト（大きさ）、サイズ、ベースの高さが気にならないでしょうか。この差異が、文字を読むときの違和感につながり、美しさを損

ねてしまいます。そこで、印刷物のデザインやWebデザインでは、これをコントロールしながら文字をレイアウトする必要があります。

UI/UXデザインを 学ぶ5ヶ月。 UI/UXデザインを 学ぶ5ヶ月。

●図4-34　欧文書体San Franciscoと和文書体ヒラギノ角ゴシックの混植（左）と、欧文と和文でフォントサイズを調整して読みやすくしたもの（右）

しかし、Figmaなどのデザインツールで書体を混植するする際にシステムフォントのサイズを和文と欧文で変えることはあまり行いません。iOSのシステムフォントを使う場合は、OS側で混植の特性を加味しながら、自動でサイズ調整されるからです。

■ お勧め書籍

・『レタースペーシング　タイポグラフィにおける文字間調整の考え方』（今市 達也 著／ビー・エヌ・エヌ 刊／ ISBN978-4-8025-1209-1）
　　和文タイポグラフィのレタースペーシングについて学べる書籍は非常に少なく、それまでは欧文書体の書籍ばかりだったので、属人的に先輩デザイナーから学び取る以外の方法があまりありませんでした。そんな和文レタースペーシングについて、とてもていねいに解説されています。新人デザイナーのときに出会いたかった、すばらしい書籍です。

COLUMN	モジュラースケール

　　カラーやタイポグラフィ、レイアウトなどのデザイン要素は、個人の経験や感覚だけで決めずに、基準としてベースとなるガイドラインなどを参考にして決定することが望ましいです。しかし、タイポグラフィのフォントスケールについては、一般的な基準として公開されているものが少ないので、考え方のヒントとなるものをここで紹介します。

■ 調和数列

　　各項の逆数を並べると等差数列になる数列です。ピタゴラス音律や倍音といった「ハーモニー」に関連していることから**調和数列**と呼びます。調和数列は1、1/2、1/3、1/4というように、分数の形をしています。

$$1, \quad \frac{1}{2}, \quad \frac{1}{3}, \quad \frac{1}{4} \quad \cdots\cdots$$

● 調和数列

　では、この調和数列を使って、基準の文字サイズを16として、スケールを考えてみます。ただし、それでは小さいサイズになってしまうので、一定の倍率を掛けてスケールを作ります。ここでは、8を掛けています。

16px *	1	*8 =	128px
16px *	$^1/_2$	*8 =	64px
16px *	$^1/_3$	*8 =	42.667px
16px *	$^1/_4$	*8 =	32px
16px *	$^1/_5$	*8 =	25.6px
16px *	$^1/_6$	*8 =	21.333px
16px *	$^1/_7$	*8 =	18.286px
16px *	$^1/_8$	*8 =	16px
16px *	$^1/_9$	*8 =	14.222px
16px *	$^1/_{10}$	*8 =	12.8px

● 調和数列でスケールを作る

■ 等差数列

連続する項が共通の差を持つ数列を等差数列と呼びます。

■ フィボナッチ数列

　イタリアの数学者レオナルド・フィボナッチが1202年に出版した『算術の書』を通じて広まった数列です。前の2つの数の和になる数が並びます。黄金比と極めて近いので「黄金比数列」とも呼ばれることもあります。

Material Design / The type sistem
10, 12, 14, 16, 20, 24, 34, 48, 60, 96

HIG
11, 12, 13, 15, 16, 17, 20, 22, 28, 34

調和数列を使ったスケール（8倍）
12, 14, 16, 18, 21, 25, 32, 42, 64

等差数列（＋2）
10, 12 ,14, 16, 18, 20, 22, 24, 26, 28

フィボナッチ数列
（1, 1, 2, 3, 5）8, 13, 21, 34, 55, 89

　調和数列を使ったスケールはバランスやリズムがよく、扱いやすいガイドなので、ぜひ使ってみてください。調和数列や黄金比、グリッドデザインを使うことは絶対的なルールではありませんが、こういった「指針」を使いながらも、ときにはルールだけに縛られず、そして自分の目を信じてデザインしてください。

・音楽、数学、タイポグラフィ - シフトブレイン／スタンダードデザインユニット
　https://standard.shiftbrain.com/blog/music-math-typography
・鈴木丈「音楽、数学、タイポグラフィ」| ÉKRITS ／ エクリ
　https://ekrits.jp/2020/02/3309/

4-3 カラー

カラーは、UIデザインにおいて非常に重要な役割を担っています。テーマカラーやコントラストも考慮、色のイメージや配色、色それぞれの意味など、さまざまな要素を考慮してデザインする必要があります。また、近年はダークモードが注目されており、暗い背景に合わせた配色のデザインが求められています。

色は単に見た目を飾るだけではなく、ユーザーの心理や操作にも大きく影響を与えるため、デザインにおいて注意深く扱う必要があります。ここでは、カラーに必要なスキルや、基本的な知識、配色の工夫や意味などについて紹介していきます。

・**テーマカラー**
ブランドを特徴付ける色として、メインカラーとアクセントカラーを決めていきます。色相の知識が必要になります。

・**カラーイメージ**
色には、その色が持つ意味や受けるイメージがあります。それらは、国や文化によっても違ってきますが、そういったことを踏まえて、使用する色を決めていく必要があります。

・**コントラスト**
文字の視認性などは、コントラストを付けることが重要です。アクセシビリティにも関わってくるので、正しく理解しておくことが必要です。

・**ダークモード**
最近のOSやアプリケーションの配色として、「ダークモード」が選択できるものが増えてきました。ただし、単に黒を基調とした配色にすればよいというものではありません。

テーマカラー

サービスのUIをデザインする際は、ブランドカラーなどをベースに、テーマカラーを作成します。カラーは大きく3つに分類して作成します。

■ メインカラー（プライマリーカラー）

最も頻繁に使用する色です。色の面積的にも広いので、ブランドカラーを用いることが多いです。

■ アクセントカラー（セカンダリーカラー）

2番目に重要なカラーで、メインカラー引き立てる役割を持っています。「補色」が選ばれることが多く、馴染ませる場合には類似色を使います。重要な場所で目立たせるために使用することが多いので、使いすぎると目立たせる効果が薄れてしまい、メインカラーを殺してしまいます。

色には、「色相」「明度」「彩度」という3つの要素があります。色合いや色味の違いである色相は、環状に配置して「色相環」と呼ばれる形で体形的に表現されます。補色とは、色相環で正反対に位置する関係の色の組み合せのことです。たとえば、赤は緑と、黄色は紫と補色関係にあります。補色関係の色同士は、対立する色で「反対色」とも呼ばれ、コントラストの強い配色になります。色相環で隣同士にある近い色相を「類似色」と呼び、調和しやすい関係の色です。たとえば、赤は赤紫や赤橙色と、黄色は黄緑やオレンジ色と類似色関係にあります。

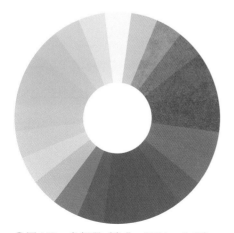

● 図4-35　色相環（出典：Wikipedia[5]）

※5　https://ja.wikipedia.org/wiki/色相

■ ベースカラー

　背景などに使用する画面で一番広い面積に使われるカラーです。文字情報が載るので、文字とのコントラストを保つために薄い配色を選ぶ必要があります。

■ 色面積

　使う色の面積によっても印象はガラリと変わります。「メインカラー」「アクセントカラー」「ベースカラー」の比率を気を付けてください。

● 図4-36　色面積

カラーイメージ

単色そのものや、色の組み合わせが持つイメージやキーワードがあります。たとえば、ブランドカラーやメインカラーを選ぶときには、色自体のイメージも考慮して検討する必要があります。

■ 配色パターン

配色や色単体の持つイメージは、国や文化によって変わります。日本に限ると、多くの人で持つ色のイメージが一致するので、目指したいイメージやキーワードからブランドカラーを決定することが可能です。こういった用途には、日本カラーデザイン研究所（NCD）が開発した「心理軸上に感性語と配色を体系化したシステム」である**イメージスケール**が多く用いられています。配色からイメージされる雰囲気、それに対応した言葉などがマッピングされており、「はつらつとした」「なごやかな」「さりげない」「ダンディな」などのキーワードから配色を選ぶことができます。

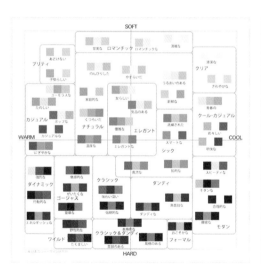
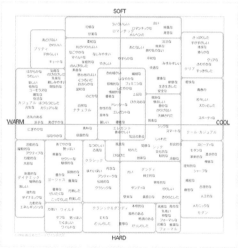

● 図4-37　イメージスケール[6]

また、配色などは、Adobeのカラーライブラリサービス「Adobe Color CC」を使うと便利です。

※6　出典：日本カラーデザイン研究所（http://www.ncd-ri.co.jp/）

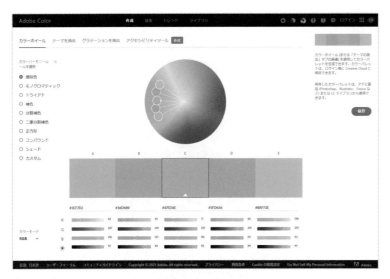

● 図4-38　Adobe Color CC（https://color.adobe.com/ja/create/color-wheel/）

■ 色の意味

　カラーイメージとは別に、アプリやWebサイトでは、UIで意味を印象付ける一般的な色もあります。エラーは赤、リンクは青、成功は緑といったようなものですが、見慣れたアプリでもこれらのカラーが使われていることが確認できるでしょう。

○赤

　非常に目立つ色で、情熱や怒りなどの感情や、注意を促すことができるという特徴を持ちます。そのため、警告や危険、緊急事態を示すために使われることが一般的です。削除ボタンやエラーメッセージなどに赤が使われます。

○青

　昔からアプリケーションやWebブラウザなどで、デフォルトのリンク色として使われています。iOSやAndroidでも、テキストリンクやボタンなどで使われることが一般的です。

○緑

　緑は、青と同じように心を落ち着かせるという特徴を持ち、リラックスできる色の1つです。そのため、安全や成功を示すために使われます。電話をかけるボタン、バッテリー充電中のアイコンのほか、メッセージアプリなどで、ユーザーがオンラインの場合に付加されるバッジのカラーには緑が使われています。

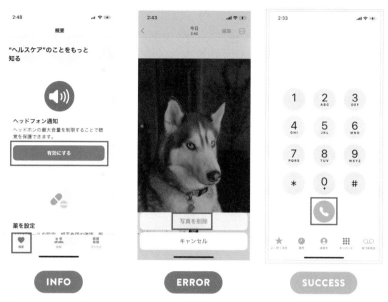

●図4-39　iOS上でのカラールール

■ お勧め書籍

・『新版カラーイメージチャート ―デジタル色彩対応』（南雲 治嘉 著／グラフィック社 刊／
ISBN978-4-7661-2882-6）

　　国によって色や配色の持つ意味は変わりますが、日本で生まれ育った人の色に対するイメージは、
おおよそシステム化できます。ブランドやサービスの配色を決める際に参考にできるカラーチャー
トです。

コントラスト

コントラストとは、隣り合う色の違いを示す言葉です。たとえば、「背景と文字のコントラストが強い」といったように使います。背景と文字の色のコントラストが弱いと読みづらくなります。コントラストは、明度と彩度に分かれますが、文字の視認性などは明度のコントラストを付けることが重要です。彩度や色相が異なっても、明度が近いとコントラストが近くなり、文字が読みづらくなります。

■ 色の属性

「テーマカラー」のところでも説明したように、色には、**明度**、**彩度**、**色相**という３つの要素が存在します。この３つの要素の組み合わせで、さまざまなトーンを表現します。

■ 明度

明度とは、その色の明るさ明暗の度合いのことです。

■ 彩度

彩度とは、色の鮮やかさの度合いのことです。鮮やかさは、各色に白色や灰色、黒色などがどの程度混ざっているかによって変わり、濁りのない色、最も彩度の高い状態を純色と呼びます。反対に、色の鮮やかさがない、最も彩度が低い状態（白、黒、グレー）を無彩色と呼びます。

■ 色相

色相とは、赤、青、黄などの色合いや色味の違いのことです。「テーマカラー」のところで示していますが、色を円状に配置したものを色相環と呼びます。色相環で中心点を通って反対側に位置している色相を補色と呼び、また隣接する色を類似色と呼びます。

■ アクセシビリティのガイドライン

WCAG（Web Content Accessibility Guidelines）2.0[7]では、テキストや文字画像は、少なくとも「4.5:1」のコントラスト比が必要であるとされています。WCAG2.1では、アイコンやボタンなどのUIコンポーネント、チャートやグラフなどのグラフィックに対する基準も追加されています。

※7　https://www.w3.org/WAI/standards-guidelines/wcag/

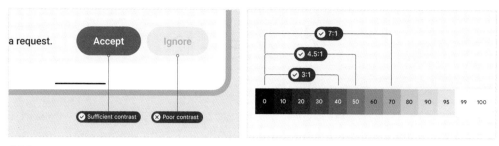

●図4-40 カラーコントラスト

Adobe Color CC のアクセシビリティツールでは、実際のカラーの数値を入力することで、簡単に WCAG の基準に達しているかを確認できます。

●図4-41　Adobe Color CC のアクセシビリティツール（https://color.adobe.com/ja/create/color-contrast-analyzer）

WCAG

　WCAG は「Web Content Accessibility Guidelines」の略称で、インターネットの各種規格を策定・勧告している W3C（World Wide Web Consortium）という団体が勧告しているガイドラインです。

ダークモード

　ダークモードは、画面の背景色を暗い色にし、文字を明るい色にすることで、目に優しい視認性を提供するモードです。これにより、夜の暗い環境など照明条件に合わせて明るさを調整し、暗い環境でも画面を見やすくします。また、明るい環境でも長時間の使用での眼精疲労を軽減する効果があるとされています。筆者は、昼間のパソコン作業環境でも、多くのアプリケーションをダークモードに設定しています。他にも、スクリーンによってはエネルギーを節約できることや、光に敏感な人に対するアクセシビリティを担保することもダークモードの理由になっています。

　スマートフォンやパソコンのOS、アプリケーションの多くでは、ダークモードを利用できます。とはいえ、ダークモードは、利用を強制するのではなく、ユーザーによって好みや使いたいタイミングがあるので、ユーザーが自由にモードを選べるようにしたほうが良いでしょう。

　ダークモードは、通常のカラーテーマを流用したり、色合いを反転するだけでは実現できません。視認性や配色のバランスの取れたダークモードのカラーテーマを独自に作る必要があります。

■ 気を付けること

○ コントラスト

　背景色を十分に濃くし、少なくとも「4.5：1」のコントラストレベルを満たすようにし、アクセシビリティに配慮します。しかし、コントラスト比が高すぎると、ハレーションだけでなく目の疲労を引き起こす可能性があるので、注意が必要です。

○ アイコン

　アイコンは、通常のカラーモードとダークモードの両方で共通に使えるように、OSやWebブラウザ側で色を変更できるアイコンフォントやSVGファイルを使うと良いでしょう。

○ 完全なブラックは避ける

　完全なブラックよりも濃いグレーを使うことで、奥行きのある見た目で、高低差や奥行きを表現できます。マテリアルデザイン（M2）では、ダークテーマの推奨表面色は#121212です。

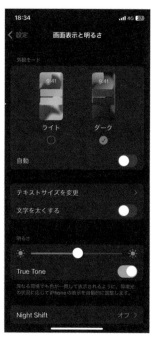

●図4-42　iPhoneのダークテーマの設定

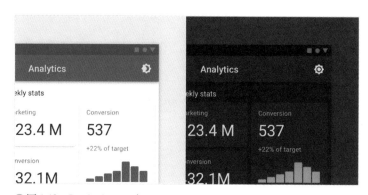

●図4-43　Dark theme（https://m2.material.io/design/color/dark-theme.html）

4-4 レイアウト

　スマートフォンの画面レイアウトを考える際には、「整列」「近接」「反復」「対比」といったデザインの原則を使い、スペーシングや余白などの要素を組み合わせることで、情報を整理し、ユーザーが見やすく使いやすい画面をデザインします。

　また、マルチデバイスに対応するために、レスポンシブデザインといった、さまざまな画面サイズに対応するための思考も必要です。それらのデザインを行う際には、黄金比などの比率や8dpグリッドなどのフレームも活用することで、レイアウトをよりバランス良く見せる工夫もできます。そういったポイントも紹介します。

・**レイアウト**
　レイアウトの基本は「整列」「近接」「反復」「対比」です。それぞれについて、学んでいきましょう。

・**スペーシング**
　要素同士の間の余白も重要です。黄金比などを活用して配置するといった工夫で、よい見やすいUIとなります。

・**グリッドデザイン**
　レイアウトの基本ともいえる手法で、格子状に分割したガイドを引いて、それに配置する要素を合わせてレイアウトしていきます。レスポンシブデザインでは、グリッドデザインをベースに、デバイスに合わせてカラム数を変更します。

レイアウト

レイアウトとは、Web サイトやアプリケーションなどのインターフェイスにおいて、使う人が見やすく、良い操作性とするために文字や画像などのコンテンツを配置することです。また、操作性のほかにも、見た目を美しくすることにもつながります。

■ レイアウトの基本原則

レイアウトの基本原則は「整列」「近接」「反復」「対比」の4つです。

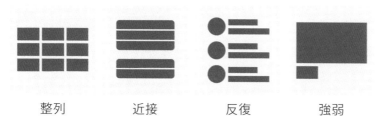

整列　　　　　近接　　　　　反復　　　　　強弱

●図4-44　レイアウトの基本原則

■ 整列

要素の位置を各ポイントを基準にして揃えることは、見やすいレイアウトの最も基本となるものです。決められたグリッドなどに沿って要素を**整列**させることで、ユーザーの視線が迷いにくくなります。

●図4-45　ヤマト運輸／Spotify

■ 近接

要素自体の余白の大きさを使って、どの要素が親子関係か、並列かといった「グルーピング」を表現できます。こういった状態を**近接**と呼びます。線で囲ったり背景に色を敷いたりしてもグルーピングが可能ですが、余白をコントロールすることで、区別する効果を付加できます。また、囲みや罫線を減らせるので、シンプルで見やすいレイアウトにできます。近くにあるもの同士が関係性を持っていることを意味するので、関係ないものは離す必要があります。近接の繰り返しと入れ子で、グルーピングの複雑な構造を作成できます。

● 図-46　Bear Pro ／ Uber

■ 反復

大きさ、形、余白、書体、色など、一定のパターンを**反復**することで、一貫性が生まれます。規則性を持って並べることで、見た目の統一感が生まれ、情報の判別がしやすくなります。また、グループが並列な関係にあることも伝わります。規則性を持った反復は「リズム」が生まれるといわれています。

●図4-47　Uber Eats ／マクドナルド

■ 対比

　要素同士を関連付けて比較することです。ある要素を大きく強調し、それ以外を小さくすると**対比**構造が生まれ、優劣がわかります。重要な部分を目立たせたいときに効果的です。また、2つの要素を同じ大きさで並べることで、対等であるといった表現も可能です。表現としては、対比が弱ければおとなしく静かな印象になり、対比を強くすればにぎやかで元気な印象になります。「強弱」や「メリハリ」という言葉で現わされることもあります。文字の場合は、ジャンプ率（「4-2　タイポグラフィ」参照）が対比に該当します。

●図4-48　Netflix ／クックパッド

スペーシング

■ 余白

　近接として余白を用いますが、画面全体の余白の量にも注目してみましょう。余白は余計な空きではなく、必要なスペースです。余白を詰めすぎたレイアウトにすると、逼迫した印象になるので、バランスに気を付けましょう。

■ 8dp グリッド

　コンテンツと余白のバランスがとれるように8dpのグリッドを基準にしてレイアウトを制作します。実は、世の中にあるデバイスは8の倍数で割り切りやすい数字になっているので、8の倍数でグリッドを引いたり余白を空けたりすると、収まりのよいデザインになります。

　Androidでは、異なる解像度でも整数でレイアウトできるように、4dpもしくは8dpを基準とすることが多いです。それに合わせて、iOSでも4ptもしくは8ptを基準にします。

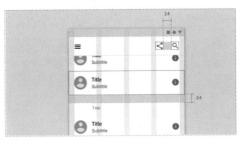
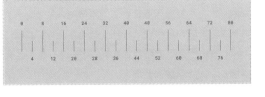

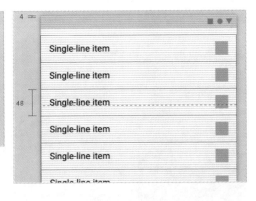

●図4-49　8dpグリッド

■ 比率

　バナーなどを作る際は、自由な比率で作らないように、ルールを持って取り組むことが必要です。さまざまな場所で使うことも考慮して、画像比率のルールを作っておくことをお勧めします。また、独自のルールではなく、すでに世の中で一般的になっている比率にしておけば、そのまま外部サービスにも掲載できるというメリットもあります。

■ 黄金比と白銀比

　黄金比は、自然界や芸術、建築などで広く使用されている比率で、だいたい「5:8」です。正確には「1:1.6180339887…」というように、小数点以下は無限に続きます。黄金比は、美学的に完璧な比率と考えられ、美的な構造を作るために使用されることがよくあります。バナーなどの画像のほかに、ロゴマークやロゴタイプにもよく使われています。たとえば、AppleやTwitterのロゴが黄金比を取り入れた構造になっているのは有名です。

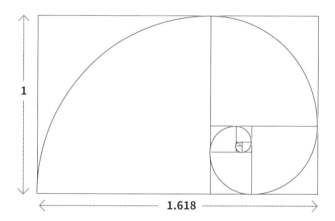

1

1.618

● 図4-50　黄金比

　白銀比は、黄金比に次いで、美学的に完璧であると考えられている比率で、だいたい「5:7」です。正確には「1：1.414213……」と、黄金比と同様に無限に続きます。古来から日本では「大和比」と呼ばれ、黄金比よりも白銀比が使われてきました。たとえば、A4やA3といった用紙サイズも白銀比になっているなど、日本人には親しみのある比率です。

　他にも、16:9、3:2、4:3、1:1など、世の中で一般的に使われている比率も覚えておくと良いでしょう。黄金比や白銀比を無理に使うことはありませんが、デザインを考える際の1つの拠りどころとして覚えておきましょう。

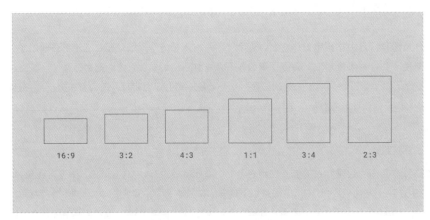

●図4-51　アスペクト比（縦横比率）の例

グリッドデザイン

　格子状に分割したガイドを引いて、それに配置する要素を合わせてレイアウトする手法です。コンテンツを整理し、一貫性を担保でき、ユーザーが情報の区別をしやすくなります。また、見た目も美しく、デザイン効率にも優れています。

　スマートフォンの場合は4カラムをベースにすることが多いのですが、パソコンやタブレットといったさまざまなデバイスに対応する際は、それぞれのデバイスでのカラム数を念頭において検討します。

　アプリケーションやWebサイトは、リンクをたどりながら複数のページを行き来することが一般的です。ページごとにレイアウトが変わってしまうと、ユーザーが目的の情報を見つけるのに苦労します。そこで、同じようなコンテンツや機能の場合は、共通のグリッドシステムを使ってレイアウトに一貫性を持たせると、ユーザーの使い勝手（ユーザビリティ）が良くなります。

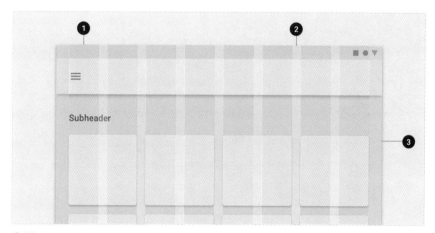

●図4-52　カラム、ガター、マージン

❶ カラム
　グリッドの列
❷ ガター
　コンテンツを分離する列間のスペース
❸ マージン
　コンテンツ画面の左右両端にあるスペース

■ レスポンシブデザイン

　レスポンシブデザインは、デスクトップやタブレット、スマートフォンなど、さまざまなデバイスに合わせて自動的に最適な表示にレイアウト調整することです。ブレイクポイントと呼ばれる横幅ごとに、レイアウトを変更できます。図4-53に示した例では、360dpのスマートフォンでは4カラム、600dpのタブレットでは8カラムのレイアウトに調整されます。さまざまな画面サイズや向きに合わせて、適切なレイアウトを検討します。

　また、デバイスごとに最適化する必要があり、たとえばスマホの場合はナビゲーションを画面外に隠して、表示されないようにします。このように、画面外のUIまで考えてデザインを考える必要があります。

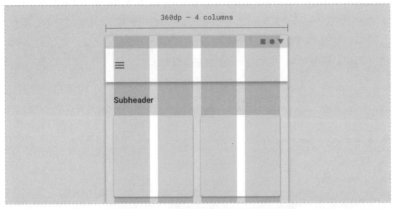

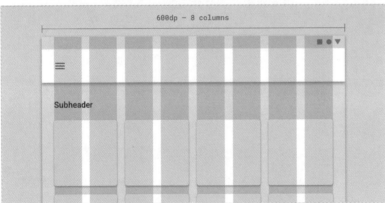

●図4-53　レスポンシブデザインのカラム例

■ ブレイクポイント

デバイスや画面サイズによって、レイアウトを変更する境界線を決めます。これを**ブレイクポイント**と呼びます。Material Designでは、4つのブレイクポイントで、5つの画面を用意しています[8]。

● 表4-1　ブレイクポイントの推奨グリッド

スクリーンサイズ	マージン	body	レイアウト
スマートフォン			
0 ～ 599	16dp	Scaling	4 カラム
タブレット			
600 ～ 904	32dp	Scaling	8 カラム
905 ～ 1239	Scaling	840dp	12 カラム
ノートPC			
1240 ～ 1439dp	200dp	Scaling	12 カラム
デスクトップPC			
1440dp ～		1040dp	12 カラム

■ お勧め書籍

・『レイアウト・デザインの教科書』（米倉 明男、生田 信一、青柳 千郷 著／ SB クリエイティブ 刊／ ISBN978-4-7973-9731-4）

　印刷物のレイアウトがメインではありますが、デジタルデバイスのデザインにも役に立つレイアウトの基本をたくさんの美しい事例を見ながら学ことができます。

※8　https://m2.material.io/design/layout/responsive-layout-grid.html#columns-gutters-and-margins

4-5 アイコン

　スマートフォンの小さな画面において、スペースを節約し、情報を効率的に伝え、ユーザーの負担を減らすために、アイコンは非常に重要な役割を果たします。ユーザーエクスペリエンスを向上させるために欠かせない要素であり、特にスマートフォンアプリケーションの場合は、プロダクトの顔として、最初に触れるプロダクトアイコンが非常に重要な役割を果たします。

　ここでは、事例を交えながら、アイコンの選択や作成において注意すべき点を説明します。アイコンを適切に使用することにより、スマートフォン上での情報の分かりやすさや利便性が向上するため、UIデザインにおいて重要な要素です。

・**プロダクトアイコン**
　モバイルアプリのプロダクトアイコンは、ホーム画面やアプリのストアに表示されるなど、サービスの顔であり、玄関口です。それゆえ、気を付けるべきことが、いくつもあります。

・**システムアイコン**
　OS標準のアイコンやアプリケーション内で使用するアイコンのことです。ブランドのルールに則ってデザインすることが重要です。

・**事例から解説**
　事例やサンプルを使って、アイコンの使用に関しての注意点をいくつか紹介しておきます。

プロダクトアイコン

　モバイルアプリの**プロダクトアイコン**は、スマートフォンのホーム画面やアプリのストアに表示され、ユーザーがサービスにアクセスしたいときに最初にタップする重要なインターフェイスです。つまり、サービスの顔であり、玄関口といえます。

　ホーム画面には多くのアプリが置かれるので、ほかのサービスと差別化できて、一目見ただけでそのブランドのサービスだと認知してもらえるような特徴があることも必要です。だからといって、単に派手な色遣いや風変わりなイラストで目を惹けば良いというものではなく、目立たせること、オリジナリティや美しさなど、さまざまな側面のバランスをとることが大切です。

■ 気を付けること

○1. 小さくても認識できるようにする

　アプリのアイコンのデザインは、大きくても小さくても見栄えがするようにしなければなりません。アプリアイコンが表示される場所は、ストア、通知画面、アクションバー、スマートウォッチデバイスなど、ホーム画面だけではありません。ユーザーがどこでも視認でき、ブランドを損なわないデザインにしましょう。

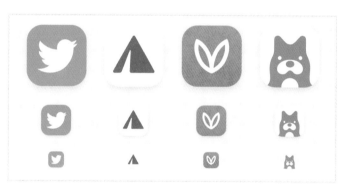

Twitter ／ YAMAP ／
Voicy ／ Ameba

●図4-54　小さくても認識できるプロダクトアイコン

○2. アイコンから機能がわかるようにする

　2020年の調査では、1人当たりの月間平均所持アプリ数は103.4個で、そのうち実際に利用しているアプリ数は平均40個だそうです。その中から、自社のサービスやどんなサービスであるかが一目でわかることも重要なポイントです。YouTubeは赤い背景の「再生」ボタンから、ビデオストリーミングアプリであることが推測できます。読書アプリであれば書籍のデザイン、ゲームであればキャラクターなど、サービスを連想させるアイコンも良いデザインのポイントです。

◯3. シンプルに装飾は少なく

　テキスト、色、形など、アイコンに多くの要素を詰め込み過ぎないようにしてください。アイコンサイズが変わっても、十分にブランドが伝わるようにするためです。「Hulu」「Zoom」のようにサービス名の文字数が少ないものはロゴタイプを使うことも可能ですが、基本的にはロゴマークを入れることで視認性を保ちます。文字は小さく表示されると読めなくなってしまうからです。

上列：Twitter ／ Snapchat ／
Netflix ／クックパッド
下列：Spotify ／ Instagram ／
Discord ／ Yahoo! JAPAN

●図4-55　シンプルでブランドの伝わるプロダクトアイコン

左は本物、右は著者作成
上列：楽天市場
下列：Slack

●図4-56　ロゴマークとロゴタイプでのプロダクトアイコンの比較（左が本物、右は著者作成）

　また、日本市場でターゲットユーザーにどんなアプリが使われているかは、アプリ分析プラットフォーム「App Ape」の各種データを分析した『アプリ市場白書 2021』で確認できます。あなたのサービスの競合は、同じジャンルだけではなく、一緒にインストールされている全てのアプリがライバルだということを肝に銘じておきましょう。

◯4. 競合や、多くの人がインストールしているアイコンに似ないように

　ターゲットユーザーがインストールしていることが多いブランドのアプリアイコンと、自社のアプリアイコンが似ていたら、どのようなことが起きると想像できるでしょうか。ユーザーからすると、

見間違えてしまうことがあり、最悪の場合にはアンインストールされてしまうかもしれません。また、同じカテゴリーの競合サービスと似たようなデザインだと、間違って他社のアプリがダウンロードされてしまうかもしれません。そういったことがないように、差別化されたブランドカラーやキャラクターでデザインをすべきです。

●図4-57　さまざまなサービスのプロダクトアイコン

・アプリ市場白書 2021
　https://ja.appa.pe/reports/whitepaper-mobilemarket-2021
・アプリのアイコンをデザインする10のルール
　https://www.mobileapps.com/blog/app-icon-design
・アプリアイコンデザインのベストプラクティス
　https://discoverbigfish.com/blog/app-icon-design-best-practices.html?utm_source=pocket_reader

■ アイコンデザインのガイドライン

　AppleやGoogleのガイドラインに合わせて、プロダクトアイコンをデザインすることが重要です。そうすることで、アプリのホーム画面、AppleのApp StoreやGoogle Playストアで、ほかのアプリのアイコンとも一貫性が保たれ、ユーザーの視認性や操作性の向上につながります。

　サービスを見つけてもらうため、あるいはホーム画面でタップしてもらうために目立つことも重要なのですが、ガイドライン守らないデザインや、無駄な装飾などで目立とうとしているアプリは、結果的にユーザーが離れてしまいます。

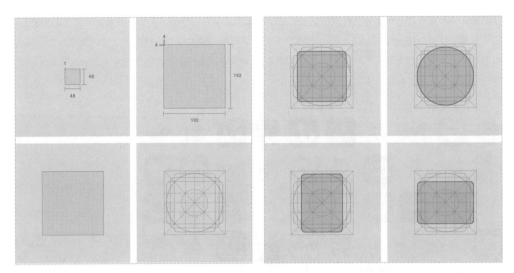

● 図 4-58　Product icons（https://m2.material.io/design/iconography/product-icons.html#design-principles）

「黄金比」のところでも説明しましたが、AppleやTwitterなどのロゴは、黄金比を取り入れた構造になっています。こういったこともアイコン作成のヒントになるでしょう

■ テンプレート

AndroidとiOSのそれぞれにプロダクトアイコン作成のガイドが引かれたテンプレートが用意されているので、アプリアイコンの作成時は、それらをダウンロードして作成するとよいでしょう。

・Android
Google Play アイコンのデザイン仕様
https://developer.android.com/distribute/google-play/resources/icon-design-specifications?hl=ja
・iOS ／ iPadOS
Apple Design Resources
https://developer.apple.com/design/resources/

■ 季節のアイコン

時期に応じた季節やお祭りのアイコンを作成します。必須ではありませんが、ユーザーエクスペリエンスを向上させるのに役立ちます。その間に人々が楽しんでいることに気を配っているという雰囲気を醸造できます。

●C CHANNELのiOSプロダクトアイコン

●図4-59　MIXCHANNEL/C CHANNEL/SNOW/minne/MAMADAYS/mysta（季節のアイコン）[9]

※9　https://note.com/ryo1117/n/n17fd1c7a7257

システムアイコン

　OS標準として登録されているアイコンや、それぞれのアプリケーション内で使用するアイコンを**システムアイコン**と呼びます。アプリケーションの中で文字を読むことには**認知負荷**がかかりますが、アイコンは言語に依存せず、どういったものであるかを視覚的に素早く伝える手段として有効です。

　タブバーのホームボタン、ナビゲーションバーの通知アイコンなど、アプリの至るところでシステムアイコンが使われています。スペースが限られたスマホ画面では、アイコンが使い勝手に貢献します。テキストにすると、スペースをとる上に、文字を読まなければ内容を把握できませんが、アイコンにすれば省スペースで配置でき、その機能もたいていは把握できます。OSのシステムアイコンの中にアプリケーションで使いたいものがない場合は、オリジナルで作成する必要があります。どんなことに気を付けてデザインすれば良いかを説明していきましょう。

■ 気を付けること

・OSや国によって意味が異なるものもある
・アイコンだけでは伝わりづらいものもある

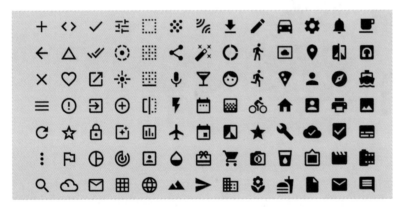

●図4-60　Material Symbols and Icons

　アイコンもタイポグラフィと同様で、ブランドのルールに沿って均等にしたりバランスを取ったりすることが必要です。ルールがないまま自由に作ると、太さや大きさがバラバラで、ブランド内での統一感がなくなり、美しさも損ないます。

　デザイン初学者がやってしまうのは、作者が異なるアイコンを寄せ集めて使い、トーンがバラバラになってしまうことです。フリーや商用利用可能なアイコンを活用することは決して悪いことではありませんが、最後に自分の手と感覚でデザインを調整しましょう。ルールはシンプルで厳しくするのか、

ある程度は柔軟性を持たせてオリジナリティを重視するのかといった決まりはないので、サービスや
ブランドに合わせて決めていきます。アイコンのデザインに慣れていない場合は、ルールはしっかり
作り、整える技術がないのであれば、できる限り同じ作者や同じシリーズの中でアイコンを揃えます。
　トーンを揃えるには、次のようなことに気を付けます。

○　角丸

　角丸を使う場合、まずは大きさを揃えます。また、角丸の大きさによっても表情が変わります。カー
ブがなければシャープで硬い印象になり、カーブが緩く大きくなると優しく可愛いトーンになります。

●図4-61　角丸の半径を0〜4dpで比べたアイコン

○　線の太さ

　線の太さを揃えると、アイコンの見た目の陰陽が揃いやすくなります。線の太さを1つに絞ること
は絶対ではありませんが、太さを複数持つルールはトーンが揃いづらくなります。図4-62で、「Don't」
と書かれたアイコンの例（右）は、角丸や線の太さのルールが複数混在しているので、アイコンのモ
チーフを増やしていくと揃いづらくなります。しかし、絶対に避けたほうがよいというわけではなく、
単調ではなくなるので、オリジナリティを出しやすくなるというメリットもあります。

Do　　　　　　　　　　　　　　Don't

●図4-62　線の太さのルールが混在したアイコン

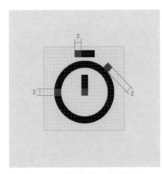 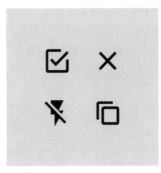

●図4-63　線の太さを揃えたアイコン例

○ 塗りとライン

　線で構成されたアイコンか、塗り潰しのあるアイコンのどちらに揃えるかも大事です。特にルールがなく、どちらも混在してしまうと一貫性が損なわれます。線のアイコンは明るく軽い印象に、塗り潰しのアイコンは重く強い印象になります。タブバーなどであれば、選択されたカレントの場合を塗りアイコンにし、選択されていないアイコンは線にするといったように、状態によって使い分ける場合もあります。

●図4-64　線と塗りのアイコン

○ 単純化

　図4-64に示した船のアイコンは、抽象的な形と本物に近い具体的な形で、トーンが異なります。また、システムアイコンとしては、具体的で細かすぎるアイコンは向きません。大きな場所で使われることもあれば、ずっと小さな場所で使われることもあるので、細かすぎると線や形が潰れてしまいます。

Do   Don't

●図4-65　アイコンモチーフの単純化

○　一貫性のある見た目

　アプリケーションやサービス内で、アイコンのトーンには統一感を持たせます。アイコンのトーンがバラバラだと、チープな印象を与え、サービスの信頼感も損ねてしまいます。たとえば、角丸は使わずに鋭角で揃える、太さを2dpで揃えるといったように統一します。しかし、ルールを絞りすぎてしまうとオリジナリティやブランドのらしさを作れなくなるので、ルールの柔軟さはサービスや考え方によって変わってきます。

●図4-66　一貫性のあるアイコンセット（左）とスタイルが混在したアイコンセット（右）

●図4-67　左から「Outlined icons」「Sharp and rounded icons」「Two-tone icons」

■ グリッドとガイド

　Androidのアイコンは、20dp×20dpの領域に制限され、周囲に2dpのパディングがあります。グリッドやガイドを使うことで、アイコンセットの統一感が作りやすくなります。特にアイコンの大きさが同じに見えるように気を配ってください。

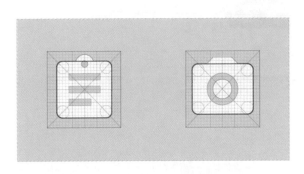

●図4-68　アイコンのレイアウト

■ 小さいアイコンは太く、大きなアイコンは細く

　アイコンは小さいと細く、大きいと太く見えてしまいます。そこで、1つのモチーフに対して1つのウェイトやサイズのアイコンを使い回すよりも、場所や大きさ、横に並ぶフォントなどに合わせて適切に太さを調整することが必要になります。

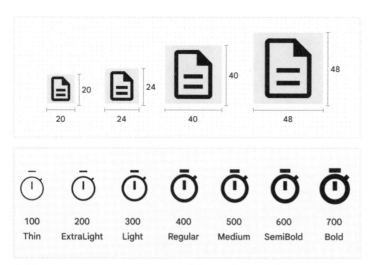

| 20 | 24 | 40 | 48 |

| 100 Thin | 200 ExtraLight | 300 Light | 400 Regular | 500 Medium | 600 SemiBold | 700 Bold |

● 図4-69　ディスプレイやサイズに合わせて太さを調整する

■ OSのアイコンフォント

フォントなのでテキストに合わせて大きさも調整しやすく、ウェイトごとに太さの異なるシンボルが提供されているのが特徴です。Googleの **Material Symbol** とAppleの **SF Symbols** を紹介します。

○ Material Symbol

Material Symbol[10] は、2,500以上のアイコンを1つ統合したフォントファイルです。シンボルは3つのスタイルと、4つの調整可能なバリアブルフォントスタイルで提供されています。調整できるスタイルは角丸や鋭角、可変軸は塗りつぶしの有無やアイコンの太さなどです。

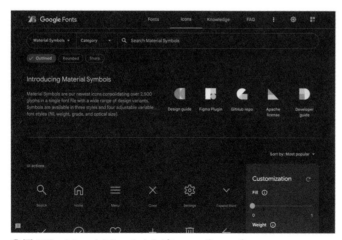

● 図4-70　Material Symbolのダウンロードページ

※10　https://fonts.google.com/icons

○ SF Symbols

SF Symbols[11] には 4,400 以上のアイコンが用意されており、Apple のシステムフォントである San Francisco と調和が取れるようにデザインされています。9 段階の太さと 3 段階のスケールで利用できるシンボルは、テキストラベルに対して自動的に調節されます。

San Francisco フォントには 9 つのウェイトが用意されていますが、SF Symbols もその全てのウェイトに合わせたシンボルが用意されています。

● 図 4-71　SF Symbols

なお、アイコンの説明に使った図の多くは、Material Design の「Icon」カテゴリーから引用しています。ここで取り上げた以外にも、さまざまな情報が掲載されているので、目を通しておくとよいでしょう。

・Icons – Material Design 3
　https://m3.material.io/styles/icons/applying-icons

※ 11　https://developer.apple.com/jp/sf-symbols/

■ ダウンロードできるサイト

　開発の初期はゼロから全てアイコンを作ると時間がかかるので、既存のアイコンセットを使うことをお勧めします。Material Symbol や SF Symbols もよいのですが、オリジナリティを出したい場合や求めるシンボルがない場合は、次のようなアイコンのストックサイトも利用してみてください。

○ Font Awesome

https://fontawesome.com/

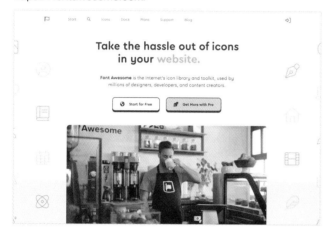

●図4-72　Font Awesome

○ Flaticon

https://www.flaticon.com/

●図4-73　Flaticon

事例から解説

事例やサンプルを使って、注意点をいくつか紹介しておきます。

■ ラベルが必要か

ラベルを消してアイコンが何を意味するかわかるでしょうか。アイコンによってはOSや国によって意味が異なるものもあるので、基本的にはラベルとセットで配置します。お知らせの鈴アイコンや検索の虫眼鏡アイコンなどは、比較的共通の認識を持てるので、ラベルを付けずに使用されることが多いです。

● 図4-74　ハンバーガーチェーンのアプリ／ラジオアプリの例

■ 意味が万人に共通で伝わるか

アプリ上部にある歯車の設定アイコンと、三本線のハンバーガーメニューを見てみてください。それぞれどんなメニューが含まれているか、わかるでしょうか。こういったメニューはさまざまな機能や情報を内包できる便利な導線ではありますが、ユーザーにとっては何が含まれているかまで覚えられないし、開いてみないとわからないので、気を付けて使用すべきです。

●図4-75　ミュージックアプリ／レシピアプリの例

■ アニメーションアイコン

　アイコンの動作をアニメーションで表現し、洗練された楽しさを演出します。たとえばTwitterの
Likeボタンなどは、タップと同時にハートアイコンからカラフルなパーティクルが溢れるアニメーショ
ンが機能とマッチしていて、より一層楽しいアクションにつながります。

●図4-76　いいねアニメーション（出典：Custom Like Animation by　Margarita Ivanchikova for
Icons8[12]

■ Lottie

https://airbnb.design/lottie/

　Airbnbが作ったアニメーションライブラリです。Adobe AfterEffectsで作ったアニメーションを
Lottie専用の拡張機能で出力することで、モバイルアプリやWebサイトやで簡単にリッチな動きのア
ニメーションを実装できます。

※12　https://dribbble.com/shots/8975035-Custom-Like-Animation

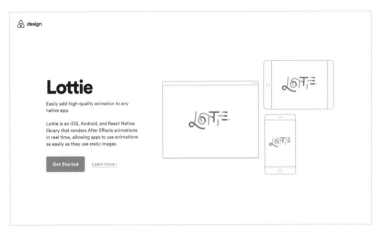

●図4-77　Lottie

COLUMN　Netflix のアイコンリニューアル

　企業のアイコンデザインの例として、Koto Studioによる Netflix のイラスト、アイコン、タイポグラフィのリニューアルを紹介します。Netflixのロゴタイプ、ロゴマークに見られるカーブをモチーフに、サービス内のシステムアイコンがリデザインされました。オリジナリティと視認性を両立させたすばらしい例だと思います。

●Netflixのアイコンリニューアル

・Netflix - Koto Studio
　https://koto.studio/work/netflix/

データ作成と
エンジニア連携

5-1　デザインツール紹介

　UIデザインでは、ツール選びも重要なポイントの1つです。最近のUIデザインツールは、多数のアップデートや機能の追加が頻繁に行われ、昨今のUIデザイン業界のトレンドにも影響を受けて進化しています。ここでは、現在人気のUIデザインツールやその特徴、選ぶ際のポイントなどを紹介します。

　また、UIデザインのトレンドやスタイルの変化、デザインのオープン化、そして最近のデザインチームの開発スタイルにおいての「ペアデザイン」と「モブデザイン」についても触れます。これらの情報を踏まえて、自分に合ったツールを選び、効率的にデザイン作業に取り組んでいきましょう。

・デザインツール

UI Toolsというサイトのアンケートなどから、イマドキのUI/UXデザイナーは、どんなツールを使っているのかを探っていきましょう。

・UIデザインのトレンド

現在はアジャイル型での開発が主流です。デザイナーだけではなく、プロジェクトメンバーを巻き込んでデザインも進めていきます。

・ペアデザイン

「ペアプログラミング」のデザイン版で、2名のデザイナーが同じ画面を共有しながら、デザインを進めていきます。デザイナー以外の人とも協業しながらデザインする「モブデザイン」という手法もあります。

デザインツール

　デジタルプロダクトのUIデザインやWebデザインを始めるには、まずどのデザインツールを使うかを選定する必要があります。時代によってツールのトレンドはどんどん変わりますが、現在の一般的なツールをいくつか取り上げ、それぞれの違いを紹介します。

　まずは、「UX Tools[1]」というWebサイトが行った世界のUI/UXデザイナーへのアンケート調査から、どんなUIデザインツールが人気かを見てみましょう。筆者も毎年回答しており、結果を楽しみにしているアンケートです。

　アンケートはメインで使ってるツールとサブで使ってるツールを回答するようになっており、圧倒的に人気のメインツールが「Figma」です。Adobe IllustratorやAdobe Photoshopは、サブツールとして使われているようです。おそらく、UIデザインツールとしてではなく、Figmaでは実現できない画像処理やベクター編集のために使われているのでしょう。WebサービスやモバイルアプリケーションのデザインをIllustratorやPhotoshop使って行っているデザイナーは少なくなっていると思います。

■ UIデザインツールの変遷

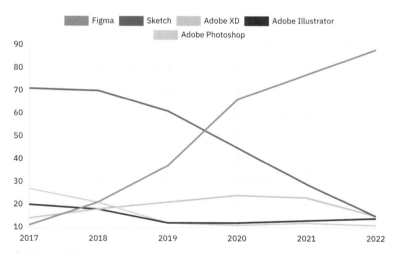

● 図5-1　2022 Design Tools Survey（https://uxtools.co/survey/2022）

　筆者は2016年ころからAdobe XDをサブツールとして使っており、当時はメインツールにはSketchを使っていました。そして2018年に、メインツールをFigmaにツールを乗り換えました。図5-1のグラフを見ても、2019年にFigmaとSketchのシェアが逆転していることがわかります。

※1　https://uxtools.co/

■ UIデザインツールの成長

このグラフから、Figmaが各ツールの機能を採り入れて、UIデザイン、基本的なプロトタイピング、デザインシステム、ホワイトボードツールと、デザインプロセスの多くの範囲を1つでカバーできていることが読み取れます。このグラフには含まれていませんが、高度なアニメーションやインタラクションを付加する際には、プロトタイピングツールの「ProtoPie」[※2]が使われています。

また、2022年のランキングからなくなってしまいましたが、以前はハンドオフ機能やバージョン履歴機能としてFigma以外のツールが挙がっていましたが、今ではこれらの機能もFigmaで完結できます。

■ 2022年のデザイナーズツールキット

UIデザイン	プロトタイピングツール（基本）	ホワイトボード	デザインシステム
① Figma	① Figma	① Miro	① Figma
② Adobe XD	② Adobe XD	② FigJam	② Storybook
③ Sketch	③ ProtoPie	③ Figma	③ zeroheight

● 図5-2　各カテゴリーで人気のツールトップ3

もう1つのアンケートとして、「ReDesigner」のアンケートを紹介しましょう。こちらはUIデザイナーの回答が中心だと予想され、また複数回答なので、どれをメインで使っているツールまではわかりませんが、Figmaが一番です。世界のトレンドと異なるのは、FigmaとAdobe XDの人気がそこまで大差がついていないことです。

これらのアンケート結果から、世界では圧倒的にFigmaが人気で、日本ではFigmaと合わせてAdobe XDも使われているようです。

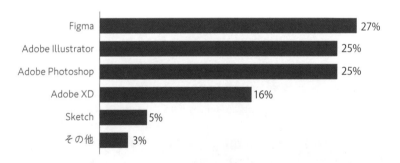

● 図5-3　活用しているデザインツール？（複数回答）[※3]

※2　https://www.protopie.io/

※3　ReDesigner Design Data Book2022（https://lp.redesigner.jp/design-data-book）

　いくつかのデザインツールの名前が挙がりましたが、どんな違いがあるのでしょうか。Photoshop
やIllustratorはWebデザインなどが始まる前に印刷物のデザインツールとして生まれました。Webデ
ザインの黎明期は、UIデザインに特化した専門ツールがなかったので、PhotoshopやIllustratorを使
わざるを得なかったという歴史があります。今はWebデザインやUIデザインに特化したデザインツー
ルがあるので、メリットも非常に多く、そちらを使うべきでしょう。

　WebデザインやUIデザインの経験がないグラフィックデザイナーなどが、IllustratorやPhotoshop
でUIデザインするのを見かけることがあります。しかし、IllustratorやPhotoshopで作ったデザイン
データは、開発のための情報を取得しづらいので、エンジニアも扱いに困ります。また、そのデザイ
ンデータを引き継ぐデザイナーも運用しづらいものです。今から始めるのであれば、UIデザインに
特化したデザインツールを覚えてください。その中でもFigmaがお勧めです。ただし、Illustratorや
Photoshopの使い方を覚えなくてもよいという意味ではありません。UIやWebをデザインするときは
UIデザインに特化したツールを使い、イラストレーションの編集や写真加工、グラフィックデザイン
などではIllustratorやPhotoshopを並行して使います。

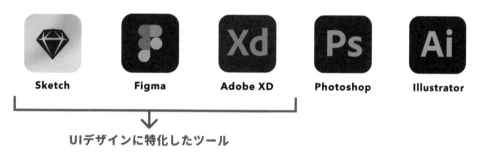

●図5-4　UIデザインに使われるツール

■ デザインツール

　5つのツールを挙げましたが、それぞれについて詳しく紹介していきます。

○Sketch

　2010年にMac専用のUIデザインツールとしてリリースされました。UIデザインツールとしては先
駆者的な存在です。

○Figma

　2016年にリリースされたUI/UXデザインツールで、コラボレーションがスムーズです。豊富なUI
デザイン機能を備えており、スタータープランは無料で使用できます。Windows/macOS用のアプリ
のほか、Webブラウザからも使用でき、UI/UXのデザイン機能は強力です。

○ Adobe XD

2017年にリリースされたUI/UXデザインツールです。Adobe製品との親和性が高く、Photoshop や Illustrator との連携が強力です。Adobe ユーザーなら操作も簡単ですが、Figma や Sketch と比べて機能不足な印象もあります。Adobe XD は、単体での購入はできませんが、Adobe コンプリートプランに加入することで使用できます（2023年4月1日時点）。

○ Adobe Photoshop

写真編集（フォトレタッチ）や画像加工、イラストレーションの代表的なソフトウェアで、印刷業界などで使用されています。さまざまな画像データを開いて編集することが可能で、写真のレタッチやWebバナーなどのグラフィック作成に向いています。

○ Adobe Illustrator

ベクター画像を扱うことが得意で、ロゴやアイコン、イラストレーションの作成に向いています。また、レイアウト機能が優れていて使いやすいため、名刺、チラシ、ポスターなどの印刷物のデザインに適しています。

■ まとめ

UI/UX をデザインする上では、Photoshop や Illustrator に比べて、Sketch、Figma、Adobe XD などのツールは直感的に操作ができるので、学習コストは低いことが特徴です。しかし、Photoshop や Illustrator もデザインをする上では必須のツールなので、UI/UX デザイナーであっても必須で覚えたほうが良いツールです。

	Figma	Adobe XD	Sketch
利用者割合	3105	263	241
評価	★4.68	★3.89	★4.05
プラットフォーム	🍎 🤖 🌐	🍎 🤖 🌐	🍎 🤖 🌐
無料利用	✓	✕	✕
価格（年払い）	¥21,600 プロフェッショナル	Adobe CCに加入済みであれば無料 (Adobe CC ¥77,750)	¥12,870 (1ドル130円換算) スタンダード
オフライン利用	✕	✓	✓

●図5-5　UI/UX デザインツール比較
出典：Design Tools Database（https://uxtools.co/tools/design/）

■ Figmaが人気の理由

　Figmaは、他のUIデザインツールに比べて、多彩なUIデザイン機能を備えており、デザイナー以外のメンバーとのコラボレーションもスムーズです。FigmaはWindows/macOS用のアプリのほか、Webブラウザでも使用でき、直感的で簡単な操作が可能です。また、スタータープランも無料で期間制限もありません。ほかにもFigmaの利用ユーザー3分の2以上は、エンジニアやプロジェクトマネージャー、マーケターなどの非デザイナーという発表もありました。コロナ禍によるテレワーク普及の波や、本書でも紹介している「デザイン経営」の流行などで、さまざまな役割の人が、デザインのコラボレーションツールを使う必要性が出てきたことも要因の1つでしょう。このような特徴があるため、人気のUIデザインツールとなっています。

○ AdobeがFigmaを買収

　200億ドル（2兆8700億円）でAdobeがFigmaを買収することが2022年9月に発表されました。デザイナーの間では驚きと不安が入り混じる発表でした。Figmaの良さは変わらず、Adobeの恩恵が受けられるようなツールに成長することを筆者は期待しています。

UIデザインのトレンド

■ アジャイル開発が主流になったことでのスタイルの変化

　従来のデザイン作業は、デスクトップアプリを使ってローカルで作業することがメインでした。したがって、場合によっては、締め切り間近まで周りの関係者はデザインファイルを確認しないということもありました。

　しかし、ウォーターフォール型から、アジャイル開発へと開発スタイルが移行していくと、デザインの完成度よりもスピードが重視されるようになります。今では、Webアプリケーションやモバイルアプリーションのデザイナーは、より早くプロトタイプやモックアップのデザインを作成し、共有することを重視しています。デザイナー以外のプロジェクトメンバーをたくさん巻き込んで、みんなで一緒にデザインしている感覚が近いと感じます。

○ ウォーターフォール型とは

　ウォーターフォール型の開発は、一連のタスクを一定の順番で進め、それぞれのタスクが完了してから次のタスクへと進む開発方法のことです。文字通り、水が高いところから低いほうへ流れるように、順を追って開発のフェーズが進んでいきます。この方法は、規模が大きなプロジェクトでの使用が多いといわれていますが、柔軟性が低く、要件の変更などが効率的に反映されない場合があります。

○ アジャイル開発とは

　アジャイル開発とは、現在主流になっているシステムやソフトウェアの開発手法の1つです。アジャイル（agile）とは直訳すると「素早い」などという意味で、「計画、設計、実装、テスト」といった開発工程を、機能単位の小さいサイクルで繰り返すのが最大の特徴です。サイクルは、1週間〜2週間が一般的です。優先度の高い要件から順に開発を進めていき、開発した各機能の集合体として1つの大きなシステムを形成します。「プロジェクトに変化はつきもの」という前提で進められるので仕様変更に強く、プロダクトの価値を最大化することに重点を置いた開発手法です。

■ デザインのオープン化

　アジャイル開発が浸透するにしたがって、デザイナーだけではなく、関係者全員でデザインを作ることや、スピードを持ってプロトタイピングすることが重視されています。

　途中段階のものを共有しながらフィードバックをもらうことは、スピードを持ってプロジェクトを進める上では必須のプロセスで、デザインはメンバー全員でコラボレーションしながら作るものという意識が広がっています。デザインファーム IDEO の CEO ティム・ブラウンが TED のセッションで述べた「デザインはデザイナーだけに任せるには重要過ぎる」[4]というメッセージが有名です。

※4　ティム・ブラウン：デザイナーはもっと大きく考えるべきだ（https://www.youtube.com/watch?v=UAinLaT42xY）

○Figmaはデザイナー以外も使うツールへ

2022年の中途採用市場で、転職サイト「ビズリーチ」を使用した採用担当者が、転職志望者の職務経歴書を検索する際に使ったワードの集計結果が発表されました。1位「開発要件定義」、2位「エンタメ」に次いで、3位に「Figma」がランクインしました。これは、各業界で具体的なDXの取り組みが進み、DX実現のためのビジネスとエンジニアリングの橋渡しを行う人材のニーズが増加したと、ビズリーチの発表では分析されています。

デザイナーやエンジニアはもちろんのこと、ディレクターやマーケター、プロダクトマネージャーと、開発以外の部署の担当者がFigmaを使う機会も周りで増えているように個人的にも感じます。それは、直感的に使える簡単な操作性も、後押ししているでしょう。

順位	検索キーワード	関連ワード
1	開発要件定義	システム、設計、システム開発、企画、上流、導入、Web、アプリケーション
2	エンタメ	ゲーム、音楽、VR、XR、コンテンツ、SaaS、イベント運営、キャンペーン企画、バーチャルプロモーション
3	Figma	AdobeXD、Sketch、UI/UX、Illustrator、Photoshop、アプリ、デザインシステム、インタラクション
4	カーボンニュートラル	脱炭素、自動車、スマートシティ、新規事業、事業開発、サーキュラーエコノミー、SDGs、デジタルツイン
5	キッティング	社内IT、IT資産、PCセットアップ、テクニカルサポート、トラブルシューティング、サービスデスク、客先常駐

●図5-6　ビズリーチ、「2022レジュメ検索トレンド」を発表（https://www.bizreach.co.jp/pressroom /pressrelease/2023/0111.html）

■ デザイン界のGitHub？

クリエイターがプラグインやデザインファイルを公開する場として、「Figma Community」※5というスペースがあります。Figmaユーザーであれば、プランにかかわらず誰でも利用できる機能で、デザイン版のGithubだといえそうです。Githubとは、プログラムコードやデザインデータなどを保存・公開できるソースコード管理サービスです。ソースコードのバージョン管理ができるほか、レビューを行ったりフォーク（派生）したりとプロジェクト管理をしながら、コラボレーションしてソフトウェアの開発が可能です。世界中の多くのプログラマーがソースコードを公開しています。Figma Communityは、デザイナー版のGitHubとして、デザイナーであればCommunity Profileを作り、ポートフォリオとして公開するといった形になっていくかもしれません。

※5　https://www.figma.com/community

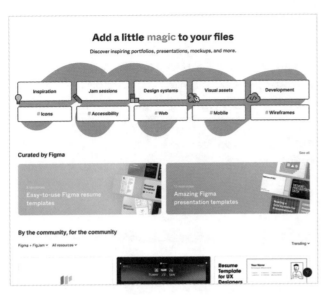

●図5-7　Figma Community

COLUMN　　東京都の新型コロナウイルス感染症対策サイト

2020年3月に公開された東京都の新型コロナウイルス感染症対策サイトは、GitHub
を活用して制作されたことも話題になりましたが、Figmaのデザインファイルも公開さ
れています。

●東京都の新型コロナウイルス感染症対策サイトのFigmaデータ
https://www.figma.com/file/V7vt80p2gauhdgTZeVNbgj/UIデザイン

ペアデザイン

　主にデザイナーが2名で同じ画面を使ってデザインを行う**ペアデザイン**という手法も普及してきました。プログラマーがペアで行う「ペアプログラミング」を転用したものですが、Figmaなどのオンライン同時編集のツールが普及したことで広がってきました。

　たとえば、2人のうち、1人目はユーザビリティやビジネス観点から問題に対する解決策を発想し提案します。2人目はそのアイデアをUIデザインなどに落とし込んでいきます。前者はシンセサイザー（Synth）、後者はジェネレーター（Gen）と呼ばれ、役割を分けて行います。また、シニアデザイナー（先輩）とジュニアデザイナー（後輩）に分かれてデザインすることにより、技術と品質の向上も見込めます。ペアデザインという手法がなかった時代には、先輩の席の後ろからパソコン画面を覗いて、テクニックを盗んだものでした。

　Figmaのコラボレーション機能が強力なので、リモートワークが多くなると、自然とペアデザインが増えていきました。筆者自身も新型コロナウイルス感染症が流行になった2020年あたりからFigmaを導入し、リモートワーク中心のデザインワークになったので、チームのメンバーとそれぞれの自宅でペアデザインをする機会がとても増えました。

・Figmaで実践する「neccoのペアデザイン」
　https://necco.inc/note/5271

■ モブデザイン

　デザイナー同士ではなく、プロジェクトオーナーやクライアントなどの決裁者や、エンジニア、コピーライター、UXデザイナー、データサイエンティストなど、プロジェクトメンバーなどの関係者を一同に集めて一緒にデザインする方法もあります。これは、**モブデザイン**と呼ばれます。多職種のメンバーを集め、その場でデザイナーがアイデアやフィードバックを受けながらデザインを作り上げていきます。その場でアイデアを形にすることで議論が活性化し、また意思決定のスピードが速いので、効率的にプロジェクトが進みます。

　FIgmaを使うとスピーディにワイヤーフレームやプロトタイプが作成できるので、プロジェクトメンバーで集まり、企画初期段階で画面を起こしながらモブデザインすることも実際にあります。また、クライアントワーク時も、打ち合わせの段階で、ヒアリングしながらラフデザインを作成し、全員のイメージを揃えてから持ち帰るということも効率的です。

・ペアデザイン・モブデザインを導入してみませんか？品質向上やプロジェクトの効率化
　https://techblog.yahoo.co.jp/entry/2022030230267417/

5-2 UIデザインデータの作り方

　UIデザインをする際に、効率的かつ正確に作業を行うために必要なのがデザインツールです。その中でも代表的なツールであるFigmaをベースに、UIデザインの作り方を説明します。Figmaにはプラグインやテンプレートが豊富にあり、コミュニティに参加することで、さらに多彩な機能を使うことができます。Figmaの使い方の書籍や紹介サイトがたくさんあるので、そういったものを参考にして勉強してほしいですが、ここを読めば、「こんな風にUIを作っていくんだな」とイメージができるように書いています。

・Figmaについて
　Figmaを例に、UIデザインツールを使ったデザインデータ作成の基本を学びます。

・スタイル
　カラーやテキストなどのスタイリング情報を、複数のデザインで共有できるようにする機能です。一貫性を持ったデザインを作成するにも、複数人でコラボレーションしながら進行するにも便利な機能です。

・コンポーネントとインスタンス
　ボタンやUIパーツなどの要素をまとめた「部品」として、複数のデザインで共有できるようにする機能です。繰り返し仕様する要素は、コンポーネントとして登録しておくことで、効率的にデザインできます。

・オートレイアウト
　コンテンツに応じて、自動的に要素を配置する機能です。とても便利な機能ですが、有効に活用するには、コンポーネントの作り方などにコツがあります。

・プラグイン・テンプレート
　「Figma Community」では、プラグインやテンプレートがオープンソースで公開されています。主なものを紹介しましょう。

Figmaについて

　ポスターや雑誌などの印刷物などのグラフィックと、WebデザインやUIデザインでの大きな違いは、静止画の状態だけでなく、ユーザーが利用するときの画面の状態変化、エンジニアの開発運用の効率、リリース後の更新も考えてデータを作成するところです。

　UIデザインツールでは、それぞれ名称は違うものの、UIデザインに特化した機能や考え方があります。Figmaを例として、デザインデータ作成の基本を学んでいきましょう。

■ Figmaのインターフェイス

　まずは簡単にアプリケーションの画面上のどこに機能があるかの全体像を説明します。本書ではFigamaの細かな使い方までは説明しませんが、Figmaの機能や特徴を把握してください。

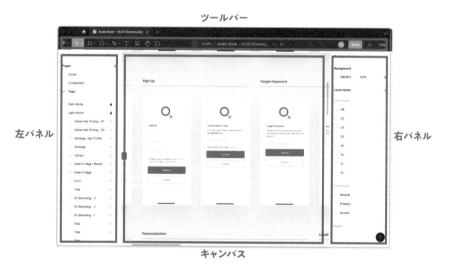

●図5-8　Figmaのインターフェイス

○ ツールバー

　デザインファイルの操作、オブジェクトの作成、共有設定などができます。

○ 左パネル

　レイヤーまたはアセットを表示します。「レイヤー」が選択されている場合は、ページ一覧とレイヤーが表示されます。「アセット」の場合は、コンポーネントと呼ばれる再利用可能なパーツが表示されます。

レイヤータブ　　　　　　　　アセットタブ

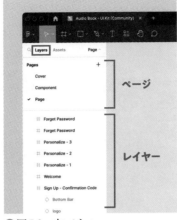

●図5-9　左パネル

○キャンバス

デザインを作成するスペースです。

○右パネル

デザイン・プロトタイプ、インスペクタと3つのモードの情報を表示します。何も選択していないときには、キャンバスの情報が表示されます。

■ FigJamについて

FigJamは、オンラインホワイトボードツールです。同じようなコンセプトのツールに、「miro」[6]があります。Figmaをすでに利用しているユーザーであれば、FigJamとFigmaでデータのコピー&ペーストをシームレスに行うことができるので、とても便利です。主にディスカッションやワークショップで利用することが多く、かゆいところに手が届き、また楽しいコミュニケーション機能が盛りだくさんのツールです。

○主な利用用途

・ブレインストーミング
・ワークショップ
・フローチャートの作成
・ムードボードの作成
・テンプレートを使ったフレームワーク活用など

※6　https://miro.com/ja/

● 図5-10　FigmaJam（https://www.figma.com/figjam/）

スタイル

　スタイルとは、カラーやテキストや影など、スタイリング情報を複数のデザイン間で再利用できるように同期する機能です。テキストやカラー、エフェクトなどのスタイルを登録でき、いつでも簡単に呼び出せます。スタイルのガイドとして、バリエーションを最初に作っておき、そこからテキストやカラーなどのバリエーションを選びながらデザインを進めていきます。

　登録したスタイルから選択すれば、ルールを持った一貫性のあるデザインが効率的に作成できることがメリットです。また、属人的にならず、誰でも同じルールのデザインが作れることも、特にコラボレーションしながらデザインする際には有用です。

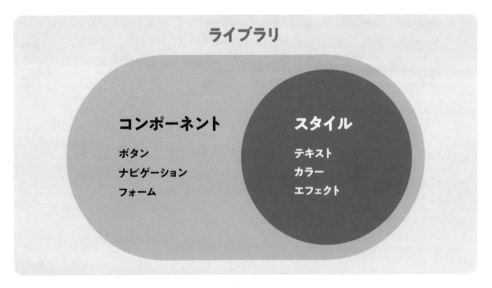

●図5-11　スタイル、コンポーネント、ライブラリの関係

■ テキストスタイル

　フォント、ウェイト、サイズ、行間、トラッキングなどのテキストスタイル情報をまとめて登録できます。文字を配置するときにテキストスタイルの各項目を設定しなくても、登録されたテキストスタイルを選択するだけで、簡単にスタイル情報を反映できます。

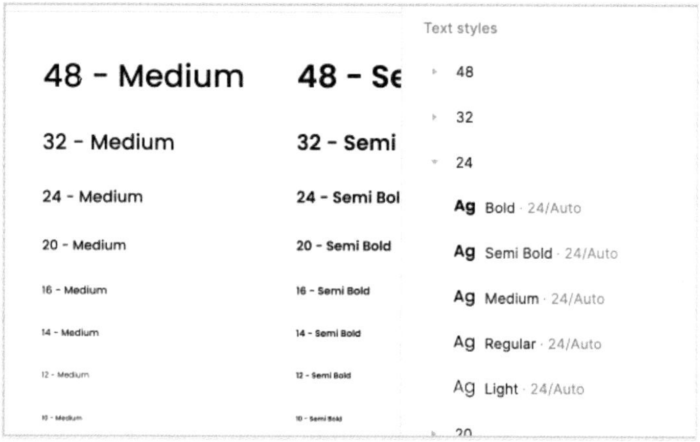

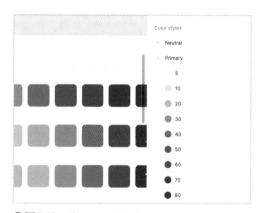

●図5-12　テキストスタイル

■ カラースタイル

繰り返し使う色を登録できます。色の名前も設定できます。

●図5-13　カラースタイル

■ エフェクトスタイル

影、ぼかし、すりガラス効果（Background blur）などの種類があります。

コンポーネントとインスタンス

　コンポーネントは、ボタンやUIパーツなどのレイヤー、またはオブジェクトを複数のデザイン間で再利用できる要素です。簡単にいうと、部品を1つ作れば、いろんなところで使い回せるようになります。繰り返し使用する要素をコンポーネントとして登録しておけば、デザインの修正作業が効率的になります。

　コンポーネントは親となるメインコンポーネントが1つだけ存在し、それをインスタンスという子供として複製してさまざまな場所で使えます。メインコンポーネントに変更を加えると、インスタンスの数にかかわらず、一気に変更を加えることができます。1枚だけの画面を作る場合は必要ありませんが、大規模なアプリケーションや大規模なWebサイトで、同じデザインの要素を頻繁に使っているときなどに便利です。

　UIデザイン自体はコンポーネントをアートボード上にレイアウトしながら進めていきます。コンポーネントは入れ子にできるので、組み合わせながらUIパーツやナビゲーションを作成していきます。Adobe XDにもコンポーネント機能があり、Sketchではシンボルという名称で同様の機能があります。

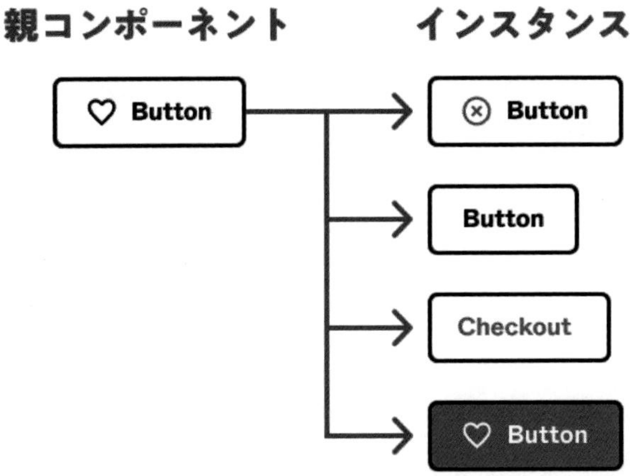

●図5-14　コンポーネントとインスタンス

■ バリアンツ

　ボタンやコンポーネントを作る際、種類や状態の違いで同じようなデザインバリエーションを複数作るような場面によく遭遇します。ボタンを例に挙げると、デフォルト時、タップ時、フォーカス時、非活性時などです。デザインが変わるたびに大元のコンポーネントを作っていてはキリがなく、管理が大変です。そういった際に、バリアンツ機能を使うと、1つのコンポーネントの中で、複数のバリエーションを切り替えできるようになり、管理が非常に楽になります。

○メリット

・コンポーネントを探しやすくなる

・バリエーションの切り替えが簡単になる

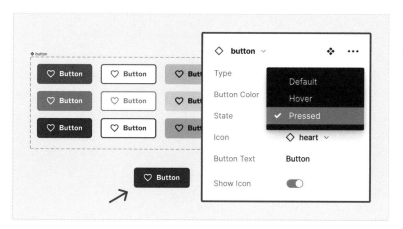

● 図5-15　バリアンツ機能

■ ライブラリ

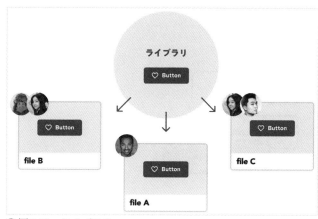

● 図5-16　ライブラリ

スタイルやコンポーネントを他のデザインファイルでも利用できるように公開する機能です。公開されたライブラリは、同じチームメンバー間で利用できます。コンポーネントの公開は、有料のProfessional、Organizationプランで利用できます。

たとえば、複数のFigmaファイルに分けてモバイルサービスのデザインを作っているとしましょう。共通のライブラリを全てのFigmaファイルで使用している場合、大元のライブラリを更新すれば、全てのFigmaファイルが最新のデザインに更新されます。1つのデザインシステムのライブラリを複数サービスのFlgmaファイルで共通で使うような場面でも便利です。参照元のライブラリ内でコンポーネントやスタイルの更新を行うと、ライブラリを使用しているすべてのファイルに通知が表示され、それぞれのファイルで更新すれば最新のライブラリが反映されます。

iOSやAndroidの基本UIも「UI Kit」として無料でライブラリ公開されているので、それらを読み込んでベースとしてUIデザインを作っていくことができます。

オートレイアウト

　コンテンツに応じて柔軟に調整が可能なフレームやコンポーネントを作成できる機能です。コンポーネント内の文章量、画像やボタンなどのコンテンツ数が変化してもレイアウトを崩さず維持でき、変化に強いデザインを作成できます。HTML/CSSやSwift UIなどのエンジニアの実装環境と同様に柔軟なデザイン構造にできるので、たとえばリストのメニューであれば、ボタンをそれぞれ移動することなく、ドラッグ＆ドロップで任意の順番へ簡単に変更できる。

　そのため、さまざまなデバイスの画面サイズに対応するデザインを行う際に、とても便利です。オートレイアウト機能を使って柔軟な設定にしておけば、1つのコンポーネントで、スマートフォン・タブレット・PCと複数サイズ専用のコンポーネントを用意する必要がなくなります。

　それ以外にも、次のような作業が必要なくなるため、作業効率が格段に上がります。

・ボタンの文字が増えたのでコンポーネントの大きさを変える
・テキスト量が増えり、ボタンなどの要素が減った場合、それ以降のコンテンツを全て上下に移動させる
・レイアウトや中の要素が増減する度に余白の調整を手動で行う
・リストの順番が変わった場合、すべてのリストを1つ1つレイヤーで移動させる

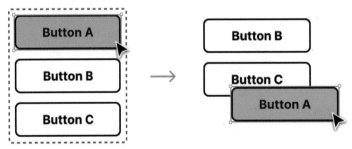

●図5-17　ドラッグ＆ドロップで順番を入れ替え

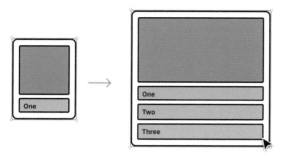

●図5-18　可変なコンポーネントサイズ

■ モジュール：コンポーネントの入れ子

　コンポーネントとインスタンスの考え方を説明しましたが、実際には小さな単位のコンポーネントを何個も入れ子状態に組み合わせて、1つのモジュールというセットの単位にして使うことが多くなってきます。この作り方は初心者には難しいので、最初は苦労するでしょう。そこで、気を付けるべきことや考え方の参考になるフレームワークを紹介します。

○ コンポーネントで気を付けるべきこと

・コンポーネント化されていないものを極力なくす
　コンポーネント化したものをインスタンスとして使用していれば、親となるコンポーネントにデザインの変更を加えるだけで、全てのインスタンスにアップデートできます。しかし実際の現場では、最初の準備が面倒という理由で、コンポーネント化されていないパーツが作られることも多くあります。作るときは良いのですが、その後のチームでの運用に大きく影響するので、パーツはなるべくコンポーネント化することを意識してください。

・できる限り統一したものを使う
　微妙に大きさやマージンサイズが違うコンポーネントを作らないようにして、できる限り統一したものを使います。すでに作成したコンポーネントライブラリの中に似たようなモジュールがないかに気を配り、同じようなコンポーネントはなるべく作成しないようにしてください。

・柔軟に対応できるコンポーネントを作る
　できる限り統一性を持たせるには、いろいろなレイアウトや大きさにも柔軟に対応できるコンポーネントにしておく必要があります。Figmaには、さまざまなサイズやコンテンツ量に応じて可変するオートレイアウト機能、コンポーネントの見た目を切り替えることができるバリアンツ機能など、複雑なUIに対応できる機能を備えているので、それらの機能を駆使して、柔軟なコンポーネント作りを意識してください。

・スタイルを統一する
　フォントやカラーなど、スタイルがコンポーネントによってバラバラになってしまうことがよくあります。フォントであれば、書体やサイズ、ウェイト、行間、字間がバラバラにならないようにテ

キストスタイルとして登録しておきます。カラーの場合も、カラースタイルを登録して、その中から選ぶようにしてください。

COLUMN | Atomic Design

UIコンポーネントを作っていく際に階層構造のルールを作ると、チームで運用がしやすくなります。そのヒントとしてよく使われているのが**Atomic Design**の考え方です。化学からヒントを得たAtomic Designは、**原子**、**分子**、**有機体**、**テンプレート**、**ページ**というように小さい単位からデザインし、インターフェイスのデザインシステムを構築していきます。

デザインシステムのコンポーネントのガイドラインはデザイナーだけで作るものではないので、階層構造や命名規則はエンジニアの実装に合わせることが理想的です。

コンポーネントという考え方は、エンジニアには比較的親しまれたものですが、まだまだ非エンジニアにはそれほど浸透しているものではありません。コンポーネントを作る際のAtomic Designには次のような5つの単位があります。

・原子（Atoms）

原子すべての物質の基本的な構成要素で、機能的な最小単位です。フォームラベル、入力、ボタンなど、これ以上分解すると機能しなくなるような基本的な要素が入ります。

・分子（Molecules）

2つ以上の原子が化学結合でつながったものです。1つのユニットとして機能する比較的単純なUI要素のグループです。たとえば、フォームのラベル、検索フォーム、ボタンが一緒になって、1つの検索フォームの分子を作ります。

・有機体（Organisms）

1つの単位として機能している分子の集合体です。たとえばヘッダーなどは、分子の検索フォーム、原子のロゴ、分子のグローバルナビゲーションなど、異種の要素で構成されています。

・テンプレート

ページレベルのオブジェクトで、コンポーネントを配置した骨格のようなものです。

・ページ

　テンプレートにテキスト原稿や写真画像などを流したもので、実際にユーザーが目にする画面です。

　ここで特に大事なのは、原子、分子、有機体の単位です。これらの単位を意識して、コンポーネントを作成し、UIモジュールを組み立てていきます。

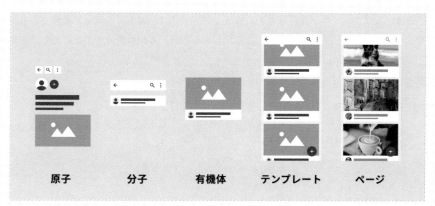

● Atomic Designの単位

　Atomic Designを紹介しましたが、厳密なAtomic Designのルールでコンポーネントを作成するのは運用が難しくて諦めたり、別の方法を採用するデザインチームも多く見られます。考え方の参考の1つとして覚えてください。

参考記事
・アトミックデザイン（UX TIMES）
　https://uxdaystokyo.com/articles/glossary/atomic-design/

プラグイン・テンプレート

■ Figma Community

　先にも説明しましたが、企業やクリエイターがオープンソースでリソースを公開する「Figma Community」と呼ばれるスペースがあります。プラグインやウィジェット、デザインシステムやUI Kitなど、さまざまなファイルが公開されています。ファイルは複製して、自分でも使うことができるほか、「リミックス」といってカスタマイズしたファイルを第三者が再度公開することもできます。

■ 公開されているもの

　「UI Kit」「デザインシステム（ライブラリ）」「モックアップ」「プラグイン」「ウィジェット」「テンプレート」「アイコン」「フレームワーク」「クリエイター」などのファイルが公開されています。主なものを説明しておきましょう。

○UI Kit

　Webサイトやアプリケーション用のデザインファイルやテンプレートなどが公開されています。AndroidのMaterial Designは公式Figmaデータが公開されています。AppleのHIGは公式のものはありませんが、有志でクオリティの高いものが公開されているので、それらを使うとよいでしょう。

●図5-19　Material 3 Design Kit By Material Design

● 図5-20　iOS 16 UI Kit for Figma By Joey Banks

○ デザインシステム（ライブラリ）

　「Jira」「Confluence」「Trello」などのツールを提供している **Atlassian**[7] や、日本最大の料理レシピサービス**クックパッド**[8] などのサービスもFigma Community でデザインシステムを公開しています。

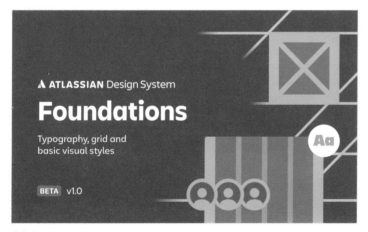

● 図5-21　ADS Foundations (Beta) By Atlassian

※7　https://www.atlassian.com/
※8　https://cookpad.com/

●図5-22　Apron By Cookpad

○ モックアップ

　ここでいうモックアップは、デザインカンプのようなデザイン成果物のことではなく、モバイル端末や、ポスター、パッケージなどの見栄えを作るためのテンプレートを指しています。Webサイトやアプリストアなどで、アプリケーションの画面をそのまま使わずに、端末のモックアップなどを使ってビジュアルイメージを作成したりします。ポートフォリオなどにも最適です。

●図5-23　Matte iPhone Mockups - 2021 Updated By Luong Nguyen

●図5-24　iPhone Mockup By Mr.Mockup

●図5-25　Google Pixel minimal device mockup frames By Anjo Cerdeña

○プラグイン

　Figma内で活用できる拡張機能のことを**プラグイン**と呼びます。Figmaでは提供されていない機能をデベロッパーやユーザーがプラグインとしてコミュニティに公開しています。無料と有料のものがあります。

　ここでは、お勧めのプラグインをいくつか紹介します。今後もっと良いものがリリースされるかもしれないので、使ってるユーザー数なども気にしながら選んでみてください。

Unsplash

　UIデザイナー界隈で有名なフリー写真素材サイト「Unsplash」から美しい画像を直接デザインに挿入できるプラグインです。写真は商用、個人用を問わず自由に使用が許可されています。本番の画

像がまだ用意できていないプロトタイピングのタイミングなどで、ユーザープロフィール写真やイメージ写真などを入れるときによく利用します。

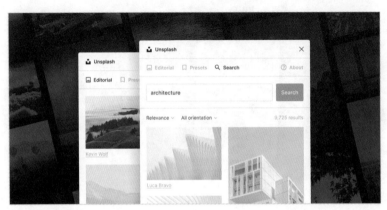

●図5-26　Unsplash By Kirill Zakharov and Liam Martens and Unsplash

Arrow Auto

　画面遷移図やフローチャートを作る際に非常に便利なプラグインです。デザイン画面を増やしたり移動したりすると、遷移図の矢印も更新しないとならないところが面倒ですが、このプラグインを使うと自動的に矢印も更新されます。

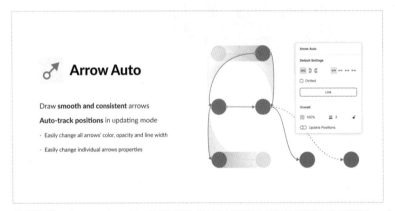

●図5-27　Arrow Auto By SHOPEE SINGAPORE PRIVATE LIMITED and Chenmu Wu

Insert Big Image

　大きい画像も高画質のままFigmaに読み込ませることができるプラグインです。Figmaでは、大きなサイズの画像を読み込ませようとすると自動で圧縮する仕組みがあるため、参考に縦長のWebサイトやアプリケーションのスクリーンショットを持ってくると画像サイズが強制的に小さくなり、ボケてしまいます。しかし、このプラグインを使用すれば、その問題も解決できます。

●図5-28　Insert Big Image By Yuan Qing Lim

Material Symbols

　Googleがオープンソースで提供しているアイコンフォントを簡単に利用できるようにするプラグインです。2,500以上のグリフを統合したGoogleの最新アイコンで、無料で商用利用も可能です。豊富なデザインバリエーションがあり、3つのスタイルと4つの調整可能な可変フォントスタイルを自由にカスタマイズできます。実際に使うこともできますし、初期のプロトタイプやワイヤーフレームを作るときにサッとアイコンを探せることができ、とても便利で効率的になります。

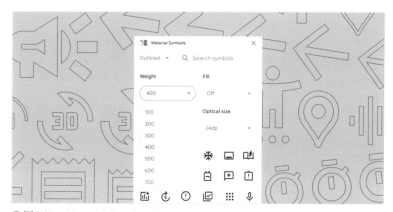

●図5-29　Material Symbols By Google Fonts

Contrast

　色のコントラスト比を簡単にチェックできるプラグインです。WCAG（Web Content Accessibility Guidelines）の合格・不合格レベルを表示してくれます。アクセシビリティの視点で、視認性をチェックする際に便利です。

●図5-30　Contrast By Maark and Alex Carr

○ウィジェット

　ウィジェットは、プラグインとは異なり、FigmaやFigJamのキャンバスに配置することができる機能です。プラグインよりも手軽な機能がたくさんあり、Figmaのファイル上に表示されるため、自分以外のユーザーでも閲覧・操作が可能ということが特徴的です。たとえば、todoリストや付箋、スタンプといったものがあります。

　導入方法は、プラグインと同様に、リソースツールのウィジェットタブから検索して、使用したいものを選択するだけです。こちらも、代表的なものを紹介します。

Sticky Note

デザインにコメントを付箋で残したいときに便利なウィジェットです。

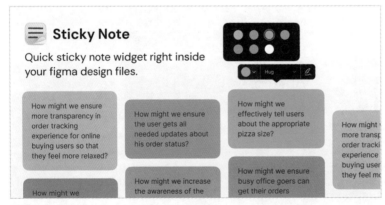

●図5-31　Sticky Note By Nitish Khagwal

○FigJamテンプレート

UXデザインやビジネスのフレームワークがすぐに開始できるFigJamのテンプレートもたくさん用意されています。Chapter 2で取り上げたフレームワークがすぐに開始できるテンプレートを紹介します。

Storyboard template in FigJam

ストーリーボードのFigJamテンプレートです。

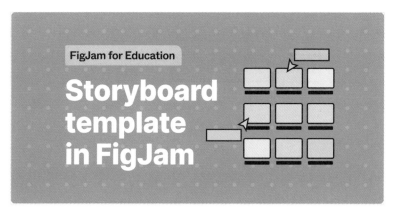

●図5-32　Storyboard template in FigJam By multiple creators

Customer journey map

カスタマージャーニーマップのFigJamテンプレートです。

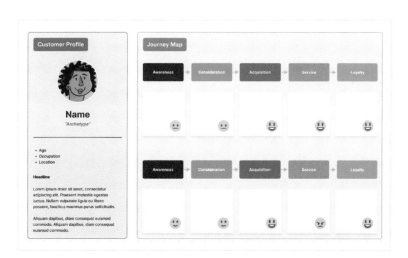

●図5-33　Customer journey map By FigJam

Business model canvas

ビジネスモデルキャンバスのFigJamテンプレートです。

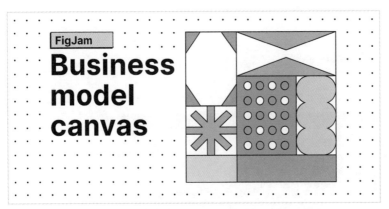

●図5-34　Business model canvas By multiple creators

■ お勧め書籍

・『これからはじめるFigma Web・UIデザイン入門』（阿部 文人、今 聖菜、田口 冬菜、中川 小雪 著／マイナビ出版 刊／ ISBN978-4-8399-8031-3）

　Figmaの使い方について書かれた本はいくつもありますが、初心者向けでわかりやすく、またデザインがかわいいので、著者は個人的にこちらをお勧めします。

5-3 エンジニアとの連携

　すごい企画もすばらしいデザインも、開発・リリースしなければ意味がありません。ここでは、エンジニアとのコミュニケーションで気を付けるべきことや必要な資料について紹介します。

　デザイナーがエンジニアリングを完璧に理解できることはあまりないので、開発中にわからないところが出てくることもあるでしょう。そんなときにエンジニアとスムーズに連携する方法を紹介します。意図を正しく伝えれば、エンジニアがさら磨きをかけたプロダクトやサービスに仕上げてくれるので、とてもやりがいのあるフェーズです。

・エンジニアと共有する資料
実装を担当するエンジニアと共有する資料には、何があるでしょうか。どのようなフェーズで必要になるでしょうか。

・デザイン指示書
デザイン情報を、デザインの上に矢印や赤文字で書き込んだ書類です。一昔前までは紙に書き込んでいましたが、今はFigmaなどでオンラインで共有することが一般的です。

・遷移図
画面がどのような順序で表示されるか、あるいは画面同士がどのような関連性を持っているのかを示した図です。

・UIスタック
UIデザインを考える上では、「理想的」「データが空」「エラー」「コンテンツがわずかにある」「ローディング中」の5つの状態をまとめた「UIスタック」が参考になります。

・エンジニアとのコミュニケーション
エンジニア側から見た、デザイナーとのコミュニケーションで困ることについても紹介します。

エンジニアと共有する資料

UIデザインの意図をエンジニアに伝えるために、詳細なデザインの指示書や資料の作成が必要です。ビジネスの企画として良いものができ、すばらしいデザインができたとしても、エンジニアへの提案や説明を疎かにして、意図が反映されない実装になってしまっては意味がありません。

良い企画やデザインが開発時点で劣化してしまうケースもあれば、開発フェーズで企画が何倍も良くなるケースもあります。また、ビジネス背景、デザイン意図、今後の計画もエンジニアにしっかり説明すると、予想もしなかった良いアイデアを開発目線で提案してもらえることもよくあります。

●図5-35　ビジネス×デザイン×開発

サービスの成功には、ビジネス中心だけでもなく、開発中心だけでもなく、人間中心だけでもなく、全ての視点が必要です。

■ 共有する資料

デザインの意図や細かな仕様を正確に伝えるためには、さまざまな資料や細かなコミュニケーションがとても大事ですが、どういった資料やデザインをエンジニアと共有して開発していくのか、主要なものを紹介します。

○ 要件定義書

システムやアプリ開発など、プロジェクトの要望を実現するための機能をまとめたものです。現状の課題や目的なども明記されています。

○ サイトストラクチャ

新規サービスの開発や、大規模なリニューアルや改修などの場合、全体像を俯瞰して確認するために作成します。Webサイトの開発であれば、サイトマップと呼んだりもします。

○ 遷移図

　開発する画面同士がどのように遷移し、関連しているかを矢印や線などでつなげた画面です。これを用意することで一連のユーザー体験や流れを把握できます。デザイナーが作成する遷移図だけでは実装の際には不十分なこともあるので、エンジニアが別途、シーケンス図やER図といった詳細なものを作る場合もあります。

○ ワイヤーフレーム

　ワイヤー（線）とフレーム（枠）を使って、シンプルに要素や情報だけを配置して視覚化した「設計図」のようなものです。

　プロジェクトによっては、ワイヤーフレームを作らずにデザインやプロトタイプを作ることもよく聞くようになりました。しかし、大規模なプロジェクトやUIデザイナー以外のメンバーが画面設計をする場合、ワイヤーフレームを作成します。

○ 仕様書

　デザインの仕様をまとめたものです。会社によってさまざまな用意の仕方があります。簡易的なものであれば、Figmaなどのデザイン画面の横や下に、細かな仕様をテキストで記述したりします。Figmaのデザインデータで仕様書を兼ねてしまうと、デザインファイルが複雑になったり、Figmaのアカウントがないと仕様書の変更ができません。そのため、Googleスライドのようなツールで、デザイン画面と細かな使用をテキストで入れた仕様書を作るチームもよく見ます。

○ デザイン指示書（ハンドオフ）

　Figma、Adobe XD、SketchなどのUIデザインデータを「ハンドオフ」という形でエンジニアに共有します。ローカルデータを渡すのではなく、クラウドにアップロードされているデータのURLをエンジニアと共有することが一般的です。

○ プロトタイプ

　UIデザインの画面一覧だけでは、どういったインタラクションや画面遷移のトランジションが発生するかがわかりません。ある程度複雑なデザインや大きな規模のプロジェクトの場合は、プロトタイプも作成してエンジニアに触ってもらいながら説明します。

　複雑なインタラクションやアニメーションが発生する場合は、Figmaなどよりも実際の表現に近づけられるツールを使用します。プロトタイピングツールも数多くありますが、筆者のお勧めは**ProtoPie**と**Framer**です。アニメーションだけであれば、映像作成ツールのAdobe AfterEffectsも使用します。

○バナーなどの画像素材

　UIデザインやバナーなどのグラフィック素材が全て揃った状態でエンジニアに実装を依頼することが理想的ですが、スケジュールの関係で、早くUIデザインを渡さなければならない場合も多くあります。そういった場合、開発当初から必要ではない素材をスケジュールの後半に回し、順を追って提出したりもします。

○質問管理表（QAシート）

　質問と回答がわかるように表形式で管理するものです。エンジニアがプロジェクトオーナーやデザイナーへの質問を記入し、担当者が回答していきます。チャットツール、口頭、メールなど、バラバラの場所でやりとりせず、一箇所で行うことで、エンジニアの管理コストが減り、開発に集中できるようになります。

　ExcelやGoogleスプレッドシートのような表で管理することが一般的です。該当ページ、質問タイトル、質問内容、回答、起案者、起案日、回答者、完了日時などの項目があります。

■ フェーズごとの必要となる資料

　大きなサービスや機能の開発なのか、小さく静的なプロモーションページの制作なのか、あるいは、社内開発なのか、受託なのか、外部依頼なのかなど、会社や規模によっても進め方は大きく変わりますが、大まかな流れと、その際に必要となるものを紹介します。

1. 企画段階で実現可能性やデメリットなどを相談
   要件定義書
2. 開発工数の見積りを依頼
   サイトストラクチャ、遷移図、ワイヤーフレーム
3. キックオフミーティング
   仕様書、デザイン指示書、UIデザイン、プロトタイプ
4. 都度コミュニケーション
   バナーやアイコン
5. 実装テスト
   QAリスト

デザイン指示書

フォントやサイズなどのデザイン情報を、デザインの上に矢印や赤文字で書き込んだ書類です。グリッドのカラム数、ボタンの遷移先やインタラクションの情報なども含まれます。

デザイン指示書を手入力で準備するのはとても骨の折れる作業です。FigmaなどのUIデザインに特化したツールがなかった時代は、Photoshopで作成したデザイン画面1枚1枚にマージンサイズやカラー、フォント名などを書き込んだ指示書を全て用意していました。とても大変でした。

そんな風に手数をかけていたデザイン指示書を作成する時間は、今ではほとんどなくなりました。UIデザインに特化したツールであれば、共有機能を備えており、ボタンを押すだけでエンジニア向けのURLが発行されるので、それを共有するだけです。

デザイナーからURLを受け取ったエンジニアは、Figmaファイルにアクセスし、開発に必要な情報を取得します。

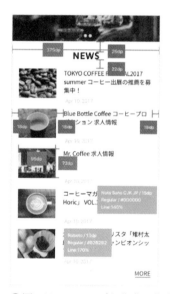

●図5-36　アナログな作業で作成したデザイン指示書

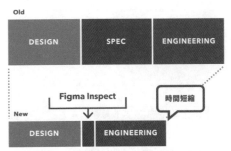

●図5-37　デザイン指示書を作る時間が短縮

■ エンジニアがデザイン指示書から取得する情報

　具体的にエンジニアがデザイン指示書から取得する情報を見ていきます。次のような情報を、Figmaのどこから取得するのかを説明します。

○Commentタブ

　Figma上でメンバーにコメントを残したり、返信したりできます。それぞれのパーツごとに、気を付けることや相談などのコメントを取得します。

●図5-38　Commentタブ

○ Inspect タブ

デザインのスタイル情報を確認できます。次のような項目が取得できます。

- ・プロパティ：サイズ
- ・タイポグラフィ：フォント名、ウェイト、サイズ、行間など
- ・カラー：Hex や RGB のカラーコード
- ・コード：iOS、Android、CSS のコード

● 図5-39　Inspect タブ

○ Export タブ

任意のサイズや形式で書き出すことができます。画像の形式は PNG、JPEG、SVG、PDF の4種類から選べます。PNG や JPEG では、1x（1倍）、2x（2倍）、3x（3倍）、および任意の倍率サイズでの書き出しが可能です。

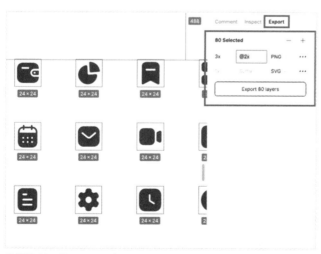

● 図5-40　Export タブ

○ その他

スタイルガイド、コンポーネント一覧、デザイン一覧など、それぞれの要素を俯瞰的に確認できます。

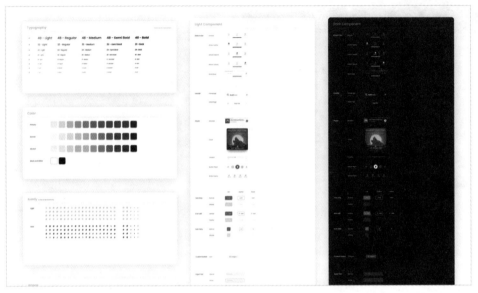

● 図5-41　スタイルガイド、コンポーネント一覧

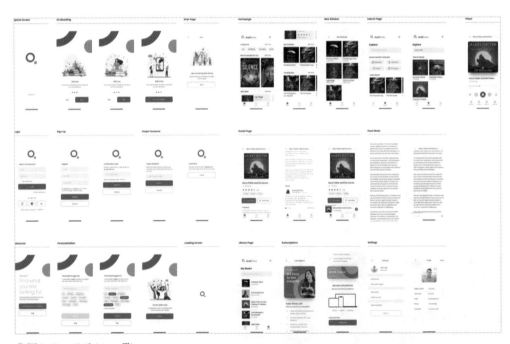

● 図5-42　デザイン一覧

遷移図

　画面がどのような順序で表示されるか、あるいは画面同士がどのような関連性を持っているのかを示した図です。これを用意することで、一連のユーザー体験や流れを把握できます。

　矢印などをデザインツールの標準機能で記入してしまうと、画面を動かした場合などに矢印にも修正を加える必要があり、とても面倒です。プラグインなどを使うと自動で矢印も動かせるようにできるので、変更に強いデータを作れるようになります。Figmaの場合は、「プラグイン・テンプレート」のところで紹介した「Arrow Auto」というプラグインなどがあります。

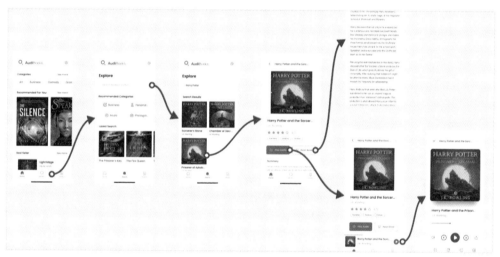

●図5-43　画面遷移図

UIスタック

実際にユーザーが使う際には、デザイナーが理想としている画面がそのまま表示されるとは限りません。たとえば、検索結果に何もヒットしなかった場合、インターネットの接続がうまくいかなかった場合などが考えられます。理想的な状態の画面を作ることはもちろんのこと、起こり得る可能性のある画面を想定してデザインする必要があります。デザイナーが全てのパターンを想定するのは難しいので、エンジニアとコミュニケーションを行いながらパターンを洗い出します。とはいえ、事前に想定できるものはデザイナーが先に用意しておくことが理想です。事前に準備する際は、考慮すべき5つの状態をまとめた「UIスタック」という考え方を参考にしてみてください。

■ 理想的な状態

全てのコンテンツが問題なく揃っている状態です。デザインを作成する際に一番最初に考える状態で、ユーザーに最も見てもらいたい理想的な状態です。

■ データが空の状態

●図5-44　Blinkist/Bondee（データが空の状態）

読み込む情報がなく、表示が空の状態です。空の状態は大きく3つあります。1つ目はユーザーが初めてサービスを使うため、まだ何もアイテムが登録されていない状態で、2つ目はユーザーが自発的に自分のアイテムを削除した場合、3つ目は検索結果で何も引っ掛からなかった場合です。この空の状態の表示は、ともすると冷たい印象を与えるので気を付ければなりません。たとえば、お気に入り登録した写真一覧のページの場合、単に「お気に入りはまだ何もありません」とすると、そっけなく感じます。たとえば、代わりに「良いと思った写真は、お気に入り登録しよう！」と表示するだけで、ポジティブで、ユーザーに行動すべき体験を促すことができます。

■ エラーの状態

エラーになってしまう原因は多様なので、それぞれに対応した画面を作ることが多くなります。たとえば、お問い合せフォームであれば、必須項目の未入力や入力内容の間違い、または送信エラーなど、種類の違う状態が考えられます。エラーが起きた場合、ユーザーが自分で修正できるようにメッセージで促します。専門の担当者しかわからないようなエラーコードは出さないようにします。

● 図5-45　Duolingo/Amazon.co.jp（エラーの状態）

■ コンテンツがわずかにある状態

アイテムが何もない状態や、エラーの状態は極端でわかりやすい状態です。しかし、アイテムが1つだけ表示されるなど、中途半端な表示も考えられます。見た目も悪くなるかもしれないし、コンテンツが少ないとユーザーもがっかりするかもしれません。たとえば、お勧めコンテンツを追加表示するなど、ユーザーの意図を汲んだサポートが有効です。

■ ローディング中の状態

データの読み込みに時間がかかる場合、データ読み込み中を意味する「ローディングスピナー」の画像を表示させることが一般的です。大容量のデータなどを読み込む場合は横に長い棒線の「プログレスバー」を表示させます。読み込みを待つこと自体がユーザーにとってストレスなので、なるべく短く読み込めるように解決することが必要です。

また、ローディングスピナーとは別に、「スケルトンスクリーン」と呼ぶ、読み込み中の写真やテキストなどのコンテンツのエリアをグレーの画像を代替して表示させる方法もあります。読み込んだア

イテムから表示していくので、ユーザーの待つ体感としては短く感じます。画像はグラデーションのアニメーションを付けることで、読み込みエラーではなく、データを読み込んでいる途中であることをユーザーに想起させることもできます。

●図5-46　メルカリ／TikTok（ローディング中の状態）

・How to fix a bad user interface
https://www.scotthurff.com/posts/why-your-user-interface-is-awkward-youre-ignoring-the-ui-stack/)

エンジニアとのコミュニケーション

デザインを作っている段階から、モバイルアプリのエンジニアやサーバーサイドのエンジニアとは、密なコミュニケーションを何度も行います。デザイン作成途中では、会議やチャットツールなどで、企画やデザインの実現可能性や、実装難易度をヒアリングしていきます。そして、ビジネス、エンジニアリング、ユーザーの3つの視点を意識してデザインを起こしていきます。

■ 気を付けること

・前提となる企画のゴールを共有する
・デザインへの不明点や不足物についてコミュニケーションする場所を決めておく
・実装後に、デザイナーが動作テストや見た目のデザインのチェックを行う

■ エンジニアから見たデザイナーとのコミュニケーション

モバイルアプリのエンジニアに、デザイナーと仕事している中で困ることを挙げてもらったので、紹介しておきましょう。筆者も思い当たることばかりなので、その対応策も記載しておきます。

○ 1. バリエーションの用意が足りない

前の節でも説明したように、状態変化「スタック」を想定したデザインのバリエーションを用意します。デザインは理想的な画面だけを考えがちですが、それだけでは足りません。読み込むデータがないときにはどんな表示にするのか、エラーのときはどんな表示にするのかなど、想定される全てをデザインする必要があります。

デザイナーだけでは全ての状態を洗い出せないことも多いので、エンジニアに必要な画面を事前に聞くことも必要です。

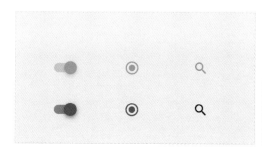
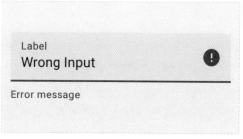

●図5-47　バリエーションの用意

○2. OS標準コンポーネントの理解不足

　iOSとAndroidで、標準コンポーネントとしてどんなものがあるかを理解しておきましょう。開発が必要でエンジニア工数が多くかかるUIなのか、既存のコンポーネントなので開発が楽なのかといったことを想定しながらデザインすることも、とても大事です。デザイナーが実装が簡単そうだと思っているUIでも、エンジニアにとっては実装が難しいUIだったということはよくあります。

　どんなデザインで実装するかはデザイナーとエンジニアだけで決めずに、プロダクトマネージャーやプロジェクトオーナーが予想する効果や実装工数などを考慮して決めるものですが、デザイン段階からデザイナーが工数を意識できるようになると開発が効率的に進みます。とはいえ、実装の難易度などは把握しにくいものなので、まずはデザイナーとしてゴールを達成するためのデザインの完成度を高め、開発部分はエンジニアにサポートしてもらいながら進めていくとよいでしょう。

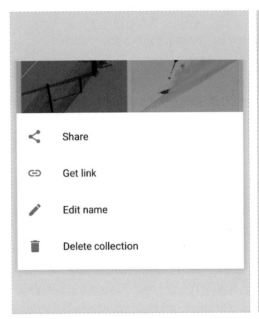 

●図5-48　UI実装の難易度（ボトムシート）

○3. UIパーツ名称の認識ズレ

iOSやAndroidのUIコンポーネントの名称を間違えて覚えていたり、名前がわからず適当に呼んでしまったりすることはよくあります。パーツはたくさんあるので、筆者もよく忘れてしまいます。エンジニアと適切なコミュニケーションをするために、パーツの名称は正しく覚えておきましょう。特にiOSとAndroidで呼び方が異なるものも多いので、気を付けてください。

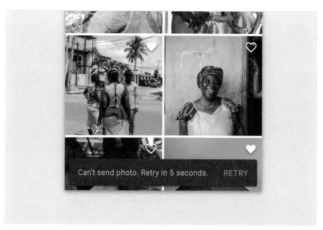

●図5-49　UIパーツ名称の認識ズレ（トースト？　スナックバー？）

■ コミュニケーションのコツ

実は、ほとんどの問題はエンジニアとのコミュニケーションがしっかりできていれば、解決できるものばかりです。筆者が所属しているチームでは、通常のミーティングやランチとは別に、週に一回、オンラインビデオツールでつながる時間を30分ほど設けています。そこでは、プライベートな雑談もすれば、今進めているプロジェクトのちょっとした相談、気になっていたけどミーティングで話すまでもない質問など、気軽にデザイナーとエンジニアがコミュニケーションを取れる時間にしています。ここで両者の関係が作れたり、改善や新しい企画がスタートすることもあるので、とても貴重で有意義な時間です。

5-3

エンジニアとの連携

Chapter

6

キャリアと勉強方法

6-1 キャリア

　これからUIデザイナーを目指す人や、すでにUIデザイナーとして働いている人に向けてのキャリアのお話です。

　筆者が講師をしている学校や、会社の後輩、いろんなところで聞くキャリアの悩みは尽きません。そして、筆者はもうすぐ40歳ですが、いまだにキャリアに悩み続けています。これまでの章でデザイナーに必要なスキルがたくさん出てきましたが、一体どこから始めたら良いのでしょうか。また、今後のキャリアを考えると、どこに注力すれば良いのでしょうか。そんなデザイナーのキャリアのヒントになるような情報をさまざまな側面から集めました。

・**自分のことを知る**
　これからのキャリアを考える上で、まず自己分析が必要です。デザイナー向けキャリア支援サービス「ReDesigner」の調査結果も参照しながら、「求められていること」も見ていきましょう。

・**スキルマップ**
　UI/UXデザイナーには多種多様なスキルが求められることは、これまでの章でも説明してきました。株式会社コンセントが作成した「技術マトリクス」、デザイナーの長谷川恭久さんが作成した「プロダクトデザイナーのスキルマップ」などから、探ってみましょう。

・**スキルの選択方法**
　UI/UXデザイナーに求められるスキルのうち、自分は何を伸ばしていくべきなのでしょうか。そのヒントを紹介します。

・**会社選びと働き方**
　UI/UXデザイナーといっても、会社によって求められるスキルの範囲が違います。制作会社と事業会社それぞれの特徴やメリット・デメリットなどを紹介します。

・**将来のイメージを描く**
　自分のキャリアもデザインすることが大切です。それにはキャリアプランニングシートが有効です。さらに、気になる年収についても紹介します。

自分のことを知る

デザイナーとしてのキャリアを考える上で、まず自己分析が非常に重要です。なぜUI/UXデザイナーになりたいのか、自分のことを理解するように考えてみてください。「営業職は向いてないから」「クリエイティブでかっこいいから」「リモートワークができるから」「何だか楽しそうだから」など、いろんな理由があるでしょう。

UI/UXデザイナーとして、本当にやりたいことは何でしょうか。自分の強みは何でしょうか。採用する企業や社会は、UI/UXデザイナーにどんなスキルや価値を求めてるのでしょうか。自分のこと、なりたい職業のこと、あるいは企業が求めることを理解していないと、ギャップができてしまい、就職できたとしても違和感を覚えて離職につながってしまうかもしれません。

■ やりたいこと×できること×求められてること

まずは、「Will Can Must」の考え方です。**Will**はやりたいこと、**Can**はできること、**Must**は求められていることです。ビジネスにおいて、モチベーションを維持したり成果を出しやすくしたりするための3要素です。

やりたい領域で自分にスキルがあっても、市場で求められていなければ意味がありません。またスキルがあって、市場で求められている領域であっても、自分が楽しめていないとモチベーションが続きません。この3つの視点が重なる領域を見つけることも大切なポイントです。

●図6-1　Will Can Must

■ クックパッドの「スキ・とくいマップ」

　どんなことが得意なのか、その逆にどんなことが苦手なのか、漠然とイメージしていることを可視化すると、自分のことを理解するのに役立ちます。意外な結果が見つかるかもしれませんし、そこから自分がどのスキルを伸ばしていくかも選択しやすくなります。

　元クックパッド株式会社のVP of Design ／デザイン戦略本部長の宇野雄氏（現note株式会社 執行役員 CDO）が、社内での自己紹介で使い始めたというマップ[※1]は、それを推進するツールです。

　このマップは、他者評価のために使うのではなく、あくまでも「自分では自分のことをこう考えていて、こうしていきたい」という意思表示のために作られたものです。絶対値が存在せず、「とくい／にがて」「スキ／キライ」の2軸でマッピングし、「私はこういう人」という自己紹介に近いものと考えます。たとえば、苦手だけど伸ばしたいスキルなのか、好きで得意だけどもっと伸ばすのかといった判断材料になります。自分1人で振り返るもの良いですし、チーム内で見せ合えば得意不得意を補えるチーム関係ができそうです。チームメンバーの理解にもつながるでしょう。

 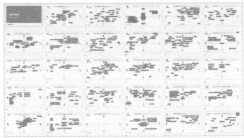

●図6-2　スキ・キライ・得意・苦手を可視化したら、互いに成長を支え合うデザインチームができた話

　ReDesignerの2022年アンケートで、デザイナーが回答した「現在得意とするスキルは？」は、図6-3のようになっています。ReDesigner自体がUIデザイナーが多く登録しているサービスなので、回答に偏りがあることは予想されますが、ビジュアルデザインやUIデザインが上位に来ています。反対に、得意と書いていないスキルは、得意とする人材も少ないともいえます。ニーズがどれくらいあるかも重要ですが、得意なスキルとして上位にないものは、得意になれば差別化のポイントになりそうです。

　「ReDesigner」の調査結果については、次の項で詳しく紹介していきます。

※1　https://note.com/saladdays/n/n4a00ba6dab0b

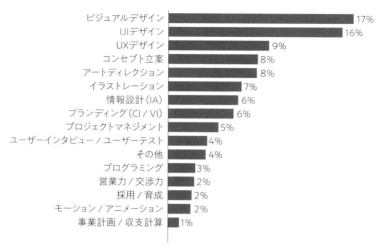

ビジュアルデザイン	17%
UIデザイン	16%
UXデザイン	9%
コンセプト立案	8%
アートディレクション	8%
イラストレーション	7%
情報設計（IA）	6%
ブランディング（CI / VI）	6%
プロジェクトマネジメント	5%
ユーザーインタビュー / ユーザーテスト	4%
その他	4%
プログラミング	3%
営業力 / 交渉力	2%
採用 / 育成	2%
モーション / アニメーション	2%
事業計画 / 収支計算	1%

●図6-3　現在得意とするスキルは？

■ ニーズのあるスキル（ReDesigner）

○ 企業からデザイナーに求めるもの

　株式会社グッドパッチが運営する「ReDesigner」[2]はデザイナー向けのキャリア支援サービスです。2019年からデザイン投資の変化を調査し、毎年、調査結果を「ReDesigner Design Data Book」[3]として公表しています。ここでは、2022年の調査結果から、101社のクライアント企業が求めるデザイナーの役割や肩書きを紹介します。何がUI/UXデザイナーに求められているのか、複数の観点から確認していきましょう。

○ 直接採用したいデザイナーの職種は？（複数回答）

　前年から引き続き、UIデザイナー・UXデザイナーの採用ニーズが上位を占める結果になっています。「デジタルプロダクトデザイナー」がどこまでの領域を指しているかが明解ではありませんが、UIデザインやUXデザインまでも含んでいると考えると、UI/UXデザイナーが大部分を占めていることになります。いずれにせよ、UIデザイン・UXデザインのスキルが企業から強く求められていることに違いはありません。

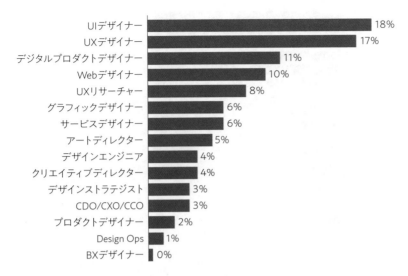

●図6-4　直近で採用したいデザイナーの職種は？（複数回答）

○ デザイナーに求める役割は？（複数回答）

　企業がデザイナーに求める役割としては、「機能やコンセプトの整理」「ユーザーの声をプロダクトに反映」「プロダクトの課題抽出」が、2021年度に引き続いて高いようです。「機能やコンセプトの整理」は、デザインプロセスの中ではアイディエーションのスキルに当たります。「ユーザーの声をプロダクトに反映」「プロダクトの課題抽出」は、本書では大きく取り上げていませんが、リサーチのスキルが必要です。

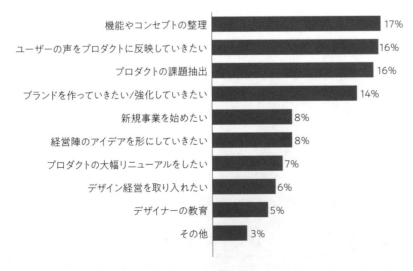

●図6-5　デザイナーに求める役割は？（複数回答）

スキルマップ

　UIデザイナーの定義や必要なスキルや知識は企業によって異なりますが、参考になる募集要項を見ると、「必須」に「あればなお良い」の項目までを含めると多岐に渡ります。ただし、UIデザイナーに求められるスキルやレベルは企業やプロジェクトによって異なるので、これらの全ての習得が就職や転職に必須というわけではありません。

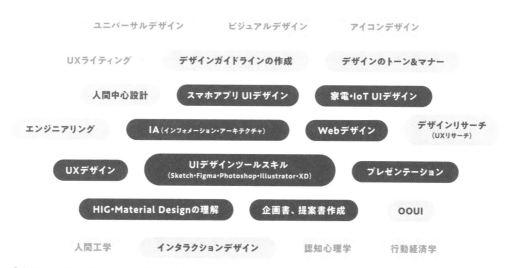

●図6-6　UIデザイナーに求められるスキル

　UIデザイナーになりたい人も、UIデザインを武器として業務に役立てたい人も、たくさんある項目をどんなスキルや知識に分けることができるか、さまざま切り口で分解してみましょう。

■ 人材育成ツール「技術マトリクス」

　では、「一般的な」UIデザイナーに求められる基準はあるのでしょうか。1つの指針として、デザイン会社コンセントが作成した「技術マトリクス」というスキルマップがあります[4]。その中にUIデザイナーに求めるスキルセットやレベルが書かれているので、参考に見てみましょう。

※4　https://www.concentinc.jp/design_research/2022/12/skill_matrix2/

●図6-7　デザイン人材のスキルマップ「技術マトリクス」2022年度版[5]

　この技術マトリクスは、コンセント社内で運用している壮大な「デザイン人材」のスキルマップのことです。デザイン技術を見える化し、デザイン人材を育成するために作られました。ここにはUI/UXデザイナーを含む多種多様なデザイナーや、デザインに関わる職種のスキルが網羅されています。

　技術マトリクスは、34個の技術とそれぞれ5段階の水準を定義しているスキルマップです。それに加えて、16職種ごとに必要技術が設定されています。自分がどの職種を目指している、もしくは現在どの職種を担っているかを選び、どんなスキルが必要かを見てみましょう。スキルの詳細がわからない場合は、34個の技術から概要を読んでみましょう。そして、選んだ職種に5段階の習得レベルがあるので、自分は現在どの習得レベルか、次のレベルになるにはどうすれば良いかを見てみます。自分の現在のレベルがわかるとともに、次のレベルアップのためには何をすべきかも具体的に書かれているので、とても効果的なスキルマップです。例としてUX/UIデザイナーを見てみましょう。

○UX/UIデザイナー

　顧客の課題解決とユーザー価値を両立したデジタルプロダクト（Webサイト、Webサービス、ネイティブアプリなど）の一連のユーザー体験の設計を行います。ユーザーリサーチ・要求事項や要件の整理・プロトタイピング・アクティビティ設計・情報設計・デザインルールやトーン＆マナー設計・UIデザイン・ユーザーテストなど、ユーザー体験の設計に関わるさまざまなフェーズの実施・ディレクションを遂行します。

　「UXデザイン」「UIデザイン」「プロトタイピング」「情報設計（IA）」がレベル3以上での必須技術、「ライティング」「プロダクトデザインディレクション」「プロジェクトリード」「プロジェクトプランニング」が推奨技術となっています。

※5　https://www.concentinc.jp/design_research/2022/12/skill_matrix2/

UIデザイン（デザイン開発）一部抜粋

　ユーザビリティ・アクセシビリティに関する知識を有し、必要に応じてプロトタイピングやユーザビリティテストを行い、要件を満たすUIを構想し具現化できる力が求められます。実現可能性の判断力・エンジニアとの円滑なコミュニケーション能力を有していることも必要です。UIの構想だけではなく、既存のサービスや製品のUIの評価や改善点の示唆も行います。

・レベル1［業務理解と業務補助］

　ユーザビリティ・アクセシビリティに関する基礎知識やデザイントレンドを把握している。仕様書やワイヤーフレームから要件を読み取り、上司や設計者の指導のもとで実体としてUIを表現できる。目的に応じた手法でプロトタイピングができる。

・レベル2［補助付きでの業務リード］

　設計者やリードデザイナーと協業し、目的に合ったデザイン要件を定義することができる。単独で実体としてのUIを表現し、デザイン意図や詳細仕様の説明やドキュメンテーションができる。目的に合ったプロトタイピング手法の選択とユーザビリティテストの実行ができる。

・レベル3［業務リード］

　対象となる製品やサービスのユースケースから操作フローを構想し、提案・合意形成などのコミュニケーション面においてもリードデザイナーとして単独でタスクを担うことができる。エンジニアとのフィージビリティ観点のコミュニケーションが円滑に行える。ユーザビリティテストの計画・実行・課題点の抽出ができる。

・レベル4［業務自体の進展と他者育成］

　UIデザインにおけるプロジェクトプランの構想ができる。審美性・ユーザビリティ・システム要件を満たす機能性を統合して具体化し、実装段階におけるデザインディレクションを担うことができる。UIの評価・改善案の提示を行うことができ、他者の育成も担うことが できる。

・レベル5［業界の推進と新価値創造］

　ユーザビリティ・アクセシビリティやHCDなどに関する専門知識や経験則を駆使して、UIの評価・分析・改善案を客観的な示唆としてアウトプットすることができ、その専門的価値が社内外で認知されている。新たなデザイン手法や商材の企画・開発・プロジェクト実施を経て、市場に向けてその成果の発信・提案を継続的に行うことができる。

UX/UIデザイナーの必要技術一覧では、「UIデザイン」はレベル3以上相当の業務でリードができるレベルと書かれています。つまり、サポートがない状態で、1人で業務を全うできる能力が求められていることがわかります。

ここに書かれているスキルが全てではなく、書かれてはいないけれど必要なもの、実際にはそれほど有用ではないものもあるかもしれませんが、ベースのスキルとして、王道で基本となる情報だと筆者も思います。まずは、ここに書かれているスキルを中心に、自分自身に技術や知識が足りているかを見直してみると良さそうです。

■ プロダクトデザイナーのスキルマップ

デザイナーの長谷川恭久さんが作成した「プロダクトデザイナーのスキルマップ」[6]も参考になります。長谷川恭久さんは、Webやアプリデザインの仕事に20年以上のキャリアを持ち、メディアでの執筆やイベントへの登壇もされているデザイナーです。

このスキルマップは、アプリ開発に携わるプロダクトデザイナーを自己評価するために作成され、公開されています。スキルマップは4種類の能力を12項目に分解して構成されています。これは、UI/UXデザイナーに限らず、プロダクトデザインに関わる人であれば使えるスキルマップで、例としてUXライターやリサーチャーのサンプルもあります。

1つの項目を5段階で評価しますが、特に基準はないので、自分で基準を作り、自己評価で使ってみてください。何でもできるけど、これといった強みがない、あるいは今は低くても、将来的に伸ばしたいところを視覚化するといったときに役立ちます。将来を考える上で、今の自分を客観視することはとても大事です。

---

[6] https://yasuhisa.com/could/article/product-designer-skillmap/

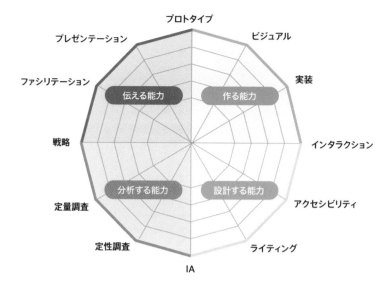

●図6-8　プロダクトデザイナーのスキルマップ（出典：プロダクトデザイナーのスキルマップを考えてみた）

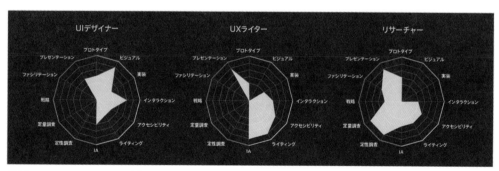

●図6-9　スキルマップの例

■ ユーザー・エクスペリエンス・デザイン（UXD）のコンピテンシー・モデル

韓国デザイン科学学会が公開しているUXデザインのコンピテンシー・モデルです。コンピテンシーとは、個人の能力・行動特性のことです。4つのドメイン（デザイン、サイエンス、ビジネス、アート）、9つのユニット、63個のコンピテンシー要素から構成されています。UXデザイナーには63個ものスキルが必要なのかと驚くかもしれません。実際に、これらの63個のコンピテンシーを全て備えたデザイナーが存在するかどうかはともかく、UXデザイントは多種多様なスキルが必要であることは間違いありません。したがって、いろんなスキルを持ったメンバーとコラボレーションする必要があることがわかります。

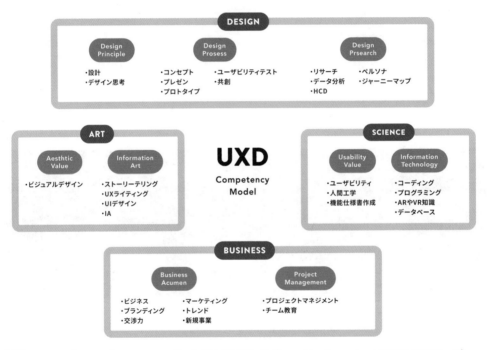

●図6-10　UXDコンピテンシーモデルを元に著者作成（http://aodr.org/xml/30110/30110.pdf）

スキルの選択方法

　UIデザイナーに必要な知識は多岐に渡り、スキルセットも数多くあることがわかったと思います。全てを同時進行で勉強することは難しいのは当然ですが、どのスキルを選択していくかも悩ましい問題です。スキルの選び方にもいくつかの考え方があるので、ヒントを紹介しましょう。紹介するフレームワークは強みを作るものでもあるので、進むべき糸口が見えてくるかもしれません。

■ T型人材

　T型人材は、特定の分野で経験豊富なスペシャリストとして知識やスキルを持ち、その他の分野においても幅広い知識を組み合わせ持っている人のことを指してます。この言葉は、外資系コンサルティング会社マッキンゼー・アンド・カンパニーによって有名になりました。多くの場合、まずは1つの特定の分野で知識を深め、後からさまざま分野の知識を広げていく傾向があります。

　T型人材のメリットは、自分の専門知識を持った上で、他職種の人とコラボレーションできることです。たとえば、エンジニアリングのスキルが高くないデザイナーでも、前提となる知識を持っているだけで、共通のキーワードでエンジニアと意思疎通できます。エンジニアリングを見越したデザインができるようになれば、とてもパワフルです。イノベーションを必要とする現代のビジネスの現場において、自分の専門領域の垣根を越える知識を持ち、それぞれの専門性を持ったメンバー達をつなげるハブのような人材は重宝されています。

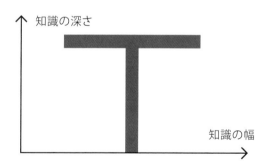

●図6-11　T型人材（出典：『 ティム・ブラウン 著『デザイン思考が世界を変える ―イノベーションを導く新しい考え方 アップデート版』）

269

■ 2つの強みの掛け合わせ

T型人材の考え方もにも似ていますが、この考え方も有効です。1つの領域で世界や国内で最高の技術や知識を持つ人になることは、なかなか難しいことでしょう。もし実現できたとして、こういったデザイナーを「孤高なデザイナー」と呼ぶことにします。では、2つの領域において、かなりのレベルの技術や知識を持っている人であれば、努力すれば達成できるかもしれません。このようなデザイナーを「激レアデザイナー」と呼ぶことにします。

「孤高なデザイナー」を目指すこともよいのですが、誰でもできることではないので、2つの領域で高い知識を持つことで、重宝されるポジションを見みつけられる可能性が高くなりそうです。たとえば、心理学を学んだ建築家、MBAを取得したアーティスト、マーケティング経験を持つエンジニアなど、組み合わせはいろいろと考えられます。

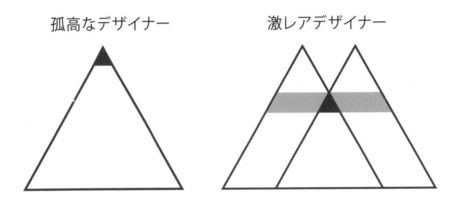

孤高なデザイナー　　　　　　　激レアデザイナー

● 図6-12　2つの強みの掛け合わせ（出典：Xデザイン学校アドバイザー　日野隆史さん）

■ BTC人材（ビジネス、テクノロジー、デザイン）

イノベーションを起こすためには、ビジネス・テクノロジー・クリエイティビティの3つの視点が必要だといわれています。

ビジネス視点では経済的な実現性を検討し、テクノロジー視点では技術的に実現可能を考慮し、クリエイティビティ視点では世の中に求められているかの需要を判断します。どの視点が欠けてもイノベーションは実現できません。

デザイナーは、ビジネスサイドとエンジニアサイドと協業するために、ビジネスの言語やエンジニアリングの言語を理解する必要があります。もちろん、どちらの言語も理解できることが理想ですが、一般的にはどちらかの領域を選ぶことが多いようです。T型人材や激レアデザイナーと通じる部分があります。

デザインとテクノロジーをつなげる「デザインエンジニア」と、デザインとビジネスをつなげる「ビジネスデザイナー」を紹介します。

◯ デザインエンジニア

　テクノロジー視点とユーザー視点の両方を行き来し、プロトタイピングを駆使することで「課題解決のデザイン」を得意とします。たとえば、UIデザインの知識とフロントエンドエンジニアリングの知識を持ったような人材です。

◯ ビジネスデザイナー

　ビジネスとクリエイティブの橋渡しをし、こちらも「課題解決のためのデザイン」を重心にします。たとえば、グラフィックデザインの知識と企画やマーケティングの知識を持ったような人材です。

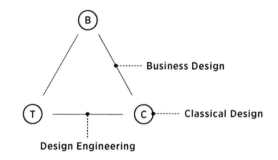

●図6-13　BTC人材
出典：田川欣哉 著『イノベーション・スキルセット ─世界が求めるBTC型人材とその手引き』

　T型人材、激レアデザイナー、BTC人材の話で共通しているのは、複数の領域の知識を持ち、その知識を活かしてプロジェクトメンバーとコラボレーションができるということです。

会社選びと働き方

■ 企業の選び方

　一概にUI/UXデザイナーといっても、会社によって求められるスキルの範囲が変わります。大きくはクライアントから依頼されてデザインを制作して報酬をもらう受託の制作会社で、もう1つは自社のサービスやプロダクトをデザインする社内のデザイナーが所属する事業会社です。

○ 制作会社

　クライアントに依頼される形でデザインやソースコードなどを納品し、対価として報酬をもらう会社を**制作会社**と呼びます。WebデザインやUIデザインに特化した小規模の少人数の会社もあれば、さまざまな専門的なデザイナーがたくさん所属しているデザインファーム、デザイン以外にも開発や企画コンサルティングまで幅広く対応できる代理店などもあります。規模や体制はそれぞれ違いますが、大きく次のような特徴があります。

特徴
・成果物をクライアントに納品して報酬をもらう
・クライアントの満足を求める

　制作会社で、UI/UXデザイナーとしての働き方には、メリットとデメリットがあります。メリットとしては、幅広い業界のクライアントに関わるため、幅広いテイストやジャンルのデザインの経験を積むことができることです。さらに、デザインのクオリティが高く求められるため、プロフェッショナルなデザイナーになりたい人には向いています。一方、デメリットとしては、契約期間があるため、納品後のサービス成長など、長くは関われないことが多いという点があります。また、納期厳守のため残業が多くなりやすいという側面もあります。

メリット
・幅広い業界やクライアントのデザインができる
・いろんなクライアントの多種多様なデザインを作る技術が身に付く
・デザインクオリティを突き詰めたい人に向いている
・いろんなクライアントに関われるので、幅広いテイストやジャンルのデザイン力が身に付く

デメリット
・契約期間があるため、納品したら完了となり、その後のサービス成長に関われないことが多い
・納期厳守のため残業が多いことある

○事業会社

　自社のサービスやプロダクトを開発、販売する会社を**事業会社**と呼びます。ここ最近は、企業の経営者がユーザー体験を重視し、社内でデザイナーやエンジニアを採用してチームを作ることが多くなってきています。また事業会社といっても、起業間もない小さな規模の会社から、大きな規模の会社まであるので、特徴は変わりますが、大きくは次のような特徴があります。

特徴
・自分が興味のある事業かどうかが大切
・ユーザーの満足度向上を実感できる
・「作って終わり」ではなく改善していける
・事業の成長のために何でもやる人が向いている
・クオリティよりもスピードが重視されやすい

　事業会社でのUI/UXデザイナーとしての働き方にも、メリットとデメリットがあります。メリットとしては、自社のサービスやプロダクトを1つ1つていねいに開発し、育てることです。自分が興味のある事業であれば、より熱心に取り組めるでしょう。また、企画初期から携わり、社内のセールスやマーケター、カスタマーサクセスと一緒に作業することもできます。ユーザーとも密接に関わり、ダイレクトに反応をもらい、ユーザーの満足度を高めるといった経験もできます。一方、デメリットとしては、自社のサービスやプロダクトだけに対応するため、デザインの幅が限られることが挙げられます。また、スピードや事業成長が重視されることが多く、デザインの領域を越えて取り組みたいという人に向いている環境です。

メリット
・企画初期段階からデザイナーが入りやすい
・デザイナー企画から提案できる
・社内のさまざまな部署と協力してデザインできる

デメリット
・挑戦できるデザインの幅に限りがある

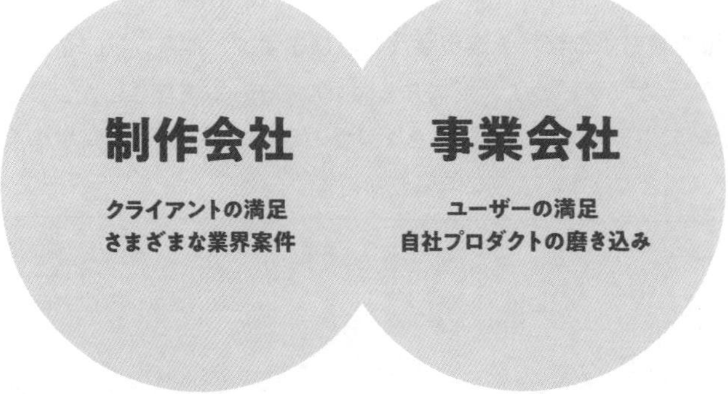

制作会社

クライアントの満足
さまざまな業界案件

事業会社

ユーザーの満足
自社プロダクトの磨き込み

●図6-14　制作会社と事業会社

将来のイメージを描く

　将来のキャリアについて考えてみましょう。1年後、3年後、5年後、10年後、20年後、30年後……、学生やジュニアデザイナーからは「先はわからない」という声が聞こえてきそうですが、**自分のキャリアもデザインする**ことが大切です。

■ キャリア計画

　「やりたいこと×できること×求められてること」で、何となく自分が目指したいデザイナー像は浮かんだでしょうか。筆者も、新卒時代に上司との面談で同じような質問を何度もされた経験があります。当時は無理やり将来像を絞り出していましたが、今となってはちゃんと考えられていなかったように思います。

　将来を考える上で、過去を振り返って内省することはとても大切です。内省する際に利用できるいろいろなフレームワークがありますが、ReDesignerとTHE COACHが共同で製作したデザイナー向けのキャリアプランニングシートが非常に有効です。自分の過去を振り返ってから、どんな将来を目指したいかを考えてみましょう。

　著者自身も「未来年表」として、プライベートと仕事を合わせた年表を30年先まで作って、毎年振り返っています。大好きな「デザイナー」という仕事をいつまで続けられるだろうか？と、長く働くために今からできることはたくさんチャレンジしています。

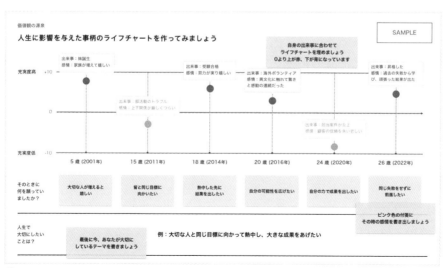

●図6-15　キャリアプランニングシート※7

※7　Career Planning Sheet For Designers（https://redesigner.jp/）

■ キャリア相談

　学校や職場にデザイナーとしてのキャリアを相談できる人がいれば幸運ですが、近くに相談できる人がいないという話も多く聞きます。なかなか自分のキャリアや将来を客観的に見ることはできないので、第三者にアドバイスをもらうことは非常に有効です。転職エージェンシー以外にも、相談できる人とマッチングできるサービスがいくつもあるので、ぜひ使ってみてください。

　これらのサービスを使う際に気を付けるべきことは、1人のデザイナーだけのフィードバックを信じすぎないことです。間違ったことをいっていないにしても、いろいろなキャリアや考え方の人がいるので、複数の人の話を聞いてから、自分で考えるようにしてください。

○ Meety

https://meety.net/

　カジュアル面談のマッチングプラットフォームです。採用が目的ではありながらも、比較的カジュアルに企業のデザイナーとキャリアや働き方の相談が無料でできます。

○ MENTA

https://menta.work/

　プログラミングやデザインなどのスキルを持った人がメンターとなって誰かに教えたり、自分が学びたい分野のメンターを見つけて教えてもらったりできるスキルプラットフォームです。UIデザイナーのメンターも多く登録されており、キャリアの相談もできます。1時間3,000～5,000円くらいの料金で現役のデザイナーに相談できます。

　この節では、デザイナーキャリアやデザイナーのスキルセットについて書きました。筆者の話だけでは偏りが出てしまうと感じたので、ReDesigner キャリアデザイナーの宮本実咲さんにインタビューをさせていただく形で、UIデザイナーのニーズや市場についてお話を聞き、原稿の参考にさせていただきました。ご協力ありがとうございました。

　ReDesigner は、株式会社グッドパッチのデザイナー特化型のキャリア支援サービスです。筆者自身も、デザイナー採用をお手伝いしてもらったり、転職をする際にお世話になりました。毎年発表される『ReDesigner Design data Book』やキャリアの振り返りに使えるキャリアプランニングシート、そのほかに技術ブログも充実しており、UIデザイナーであれば必ずチェックすべき会社です。

■ 年収

　必ず気になる年収の話です。ReDesignerのアンケートでも、企業がデザイナーに投資している年収が記載されていました。UIデザイナーの年収が高いのか、この結果が本当に正しいのかの判断は難しいところですが、今後の参考にしてください。

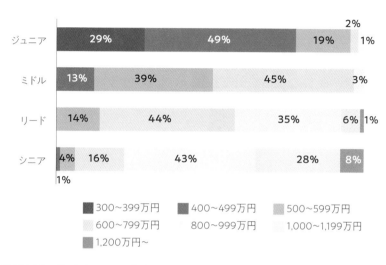

●図6-16　各デザイナーの年収は？

　各レイヤーのボリュームゾーンは、次のようになっていることがわかります。

・ジュニアデザイナー：年収400 〜 499万円
・ミドルデザイナー：年収500 〜 599万円
・リードデザイナー：年収600 〜 799万円
・シニアデザイナー：年収800 〜 999万円
・デザインエグゼクティブ：年収1,000 〜 1,199万円

　各レイヤーの定義は明確ではありませんが、経験年数だけで決まるわけでなく、できることによって変わってきます。参考までに、筆者の考えるイメージ像を記載しておきます。

・ジュニアデザイナー：上司やリードデザイナーの指導が必要（1 〜 3年）
・ミドルデザイナー：単独でタスクを担うことができる（3 〜 7年）
・リードデザイナー：大規模なプロジェクトでデザインをリードし、他のデザイナーへ指示ができる
・シニアデザイナー：プロジェクトなどでデザインのリードができる。また、他者の育成も担う(8年〜)

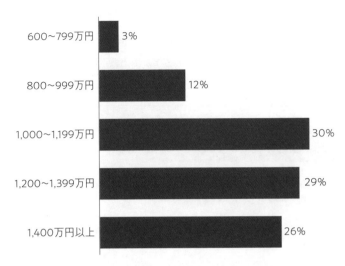

600～799万円	3%
800～999万円	12%
1,000～1,199万円	30%
1,200～1,399万円	29%
1,400万円以上	26%

●図6-17　理想的な CDO/CCO/CXO が採用できた場合、年収はいくらくらいまで払うか？

COLUMN	高度デザイン人材

　経済産業省が取りまとめた「高度デザイン人材育成ガイドライン」および「高度デザイン人材育成の在り方に関する調査研究報告書」[8]によると、これからのデザイン人材に求められるものとして、次の5つ挙げられています。中堅のキャリア、シニアデザイナーは、次のキャリアの参考にしてみると良いかもしれません。

・今日の社会的状況に即した解決策を作る「デザインスキル」
　UXデザインやデザインリサーチ、ビジュアライゼーションなど

・デザインアプローチの意義を伝えるための「デザイン哲学」の理解
　UXデザインやデザイン思考の背景となっているヒューマン・センタード・デザイン
　（HCD）のアプローチ

・イノベーティブな独自の視点を持つための「アート」の感性
　自身の視点や観察眼、思考、思想、感受性に依存する主観的なアプローチ

※8　高度デザイン人材育成研究会 ガイドライン及び報告書（2020年3月27日）
　　https://www.concentinc.jp/news-event/news/2020/03/meti-kodo-design-20190329-report/
　　https://www.meti.go.jp/shingikai/economy/kodo_design/pdf/20190329_02.pdf

・望ましいゴールへとチームを導く「リーダーシップ」
　人々を巻き込んでいくリーダーシップおよびファシリテーション力

・多様な人々と有効な解決策を作っていく「ビジネススキル」
　財務諸表の理解など基礎的な知識からビジネスモデルやマーケティング戦略まで多
　岐に渡る事業戦略の理解

高度デザイン人材育成の学習要件		スキル	哲学	
	デザイン	・UX デザイン&デザインリサーチ ・ビジュアライゼーション ・テクノロジーの理解と活用	・デザインアプローチおよび関連 　概念の理解 ・デザイン&デザイナーの倫理	クリエイティブ 領域の専門性
	アート	・アート教育を通じて獲得する視点 ・ビジョンの提示 ・日本人ならではの感性		
	リーダーシップ	・主体性ある関与 ・コラボレーション&ファシリテーション		ビジネスを リードする素養
	ビジネス	・事業の要点を理解する基本的なビジネス知識 ・デザインプロジェクト設計&マネジメント		

●高度デザイン人材に求められる学習要件の全体像

6-2 参考書籍・リソース

最後まで本書を読んでいただき、ありがとうございました。幅広いジャンルの情報を浅く広く扱ったので、物足りないと感じている人もいるかもしれません。各節の終わりに筆者が厳選したお勧め書籍を載せているので、さらに深く勉強したい人はそちらを参照してください。

「お勧め」からは漏れてしまいましたが、初学者向けに、参考となる書籍や参考サイトを箇条書きで紹介します。急がず焦らず、興味のあるところから学んでいってください。また、本を買ってみて読んでみたものの、難しくてさっぱり理解できないこともあるかもしれません。でも、安心してください。筆者も同じです。周りにお勧めされて買って読んではみたけれど、さっぱりわからず、5〜10年寝かせてから読み直して理解できた本も数多くあります。難しかったら、時間を空けて改めて読もうと諦めるのも肝心です。楽しんで勉強してください。

■ UI/UX デザインとは

1-1 UIとUXの違い

・『UX原論 ―ユーザビリティからUXへ』（黒須 正明 著／近代科学社 刊／ ISBN978-4-7649-0611-2）

1-2 UIデザイナーの仕事

・『The Elements of User Experience ―5段階モデルで考えるUXデザイン』（Jesse James Garrett 著、ソシオメディア株式会社 訳、上野 学、篠原 稔和 監訳／マイナビ出版 刊／ ISBN978-4-8399-7598-2）

■ Chapter 2　デザインプロセス

2-1 デザインプロセス

・『パーパス ―「意義化」する経済とその先』（岩嵜 博論、佐々木康裕 著／ニューズピックス 刊／ ISBN978-4-910063-17-1）
・『HELLO, DESIGN　日本人とデザイン』（石川 俊祐 著／幻冬舎 刊／ ISBN978-4-344-03444-0）
・『デザイン思考の教科書 ハーバード・ビジネス・レビューデザインシンキング論文ベスト10』（DIAMONDハーバード・ビジネス・レビュー編集部 訳、ハーバード・ビジネス・レビュー編集部 編／ダイヤモンド社 刊／ ISBN978-4-478-11151-2）

- 『資本主義の先を予言した　史上最高の経済学者　シュンペーター』（名和 高司 著／日経BP 刊／ ISBN978-4-296-00076-0）
- 『イノベーション全書』（紺野 登 著／東洋経済新報社 刊／ ISBN978-4-492-52225-7）

- 「デザイン経営」宣言
  https://www.meti.go.jp/report/whitepaper/data/pdf/20180523001_01.pdf
- デザイン経営ハンドブック
  https://www.meti.go.jp/press/2019/03/20200323002/20200323002-1.pdf
- ビジネスパーソンに向けた、デザイン経営の事例集を取りまとめました（METI/経済産業省）
  https://www.meti.go.jp/press/2019/03/20200323002/20200323002.html
- 西澤 明洋「できる！デザイン経営塾　これからのデザイン経営の話をしよう！」Schoo（ゲスト： Takram 田川欣哉）
  https://schoo.jp/class/6977/
- 「スタンフォード大学のd.schoolが提唱するデザイン思考の５段階プロセス」UX MILK
  https://uxmilk.jp/76806
- 富士通の実践知が詰まったデザイン思考のテキストブック公開：富士通
  https://www.fujitsu.com/jp/about/businesspolicy/tech/design/activities/designbook/

2-2　リサーチ・共感
- 『考具 ―考えるための道具、持っていますか？』（加藤 昌治 著／ CCC メディアハウス 刊／ ISBN978-4-484-03205-4）
- 『プロトタイピング実践ガイド ―スマホアプリの効率的なデザイン手法』（深津 貴之、荻野 博章 著 ／インプレス 刊／ ISBN978-4-8443-3624-2）
- 『ユーザビリティエンジニアリング ユーザエクスペリエンスのための調査、設計、評価手法（第２版）』 （樽本 徹也 著／オーム社 刊／ ISBN978-4-274-21483-7）

■ ナビゲーションとインタラクション

3-1　環境
- 『UIデザイン必携 ―ユーザーインターフェースの設計と改善を成功させるために』（原田 秀司 著／ 翔泳社 刊／ ISBN978-4-7981-6962-0）
- 『UIデザインの教科書［新版］マルチデバイス時代のインターフェース設計』（原田 秀司 著／翔泳 社 刊／ ISBN978-4-7981-5545-6）

3-2　インタラクション
- 『誰のためのデザイン？ 増補・改訂版 ―認知科学者のデザイン原論』（D. A. ノーマン 著、岡本 明、 安村 通晃、伊賀 聡一郎、野島 久雄 訳／新曜社 刊／ ISBN978-4-7885-1434-8）
- 『「ユーザーフレンドリー」全史 世界と人間を変えてきた「使いやすいモノ」の法則』（クリフ・クアン、 ロバート・ファブリカント 著／尼丁 千津子 訳／双葉社 刊／ ISBN978-4-575-31577-6）
- 『インタフェースデザインの実践教室 ―優れたユーザビリティを実現するアイデアとテクニック』 （Lukas Mathis 著／武舎 広幸、武舎 るみ 訳／オライリー・ジャパン 刊／ ISBN978-4-87311- 608-2）

- 『フラットデザインで考える新しいUIデザインのセオリー』（宇野 雄 著／技術評論社 刊／ISBN978-4-7741-6954-5）
- 『フラットデザインの基本ルール ―Webクリエイティブ＆アプリの新しい考え方。』（佐藤 好彦 著／インプレス 刊／ISBN978-4-8443-3505-4）
- 『マイクロインタラクション ―UI/UXデザインの神が宿る細部』（Dan Saffer 著、武舎 広幸、武舎 るみ 訳／オライリー・ジャパン 刊／ISBN978-4-87311-659-4）

3-3　ナビゲーション

- 『デザイニング・インターフェース 第2版』（Jenifer Tidwell 著、浅野 紀予 訳、ソシオメディア株式会社 監訳／オライリー・ジャパン 刊／ISBN978-4-87311-531-3）
- 『IA/UXプラクティス ―モバイル情報アーキテクチャとUXデザイン』（坂本 貴史 著／ボーンデジタル 刊／ISBN978-4-86246-324-1）
- 『IA100 ―ユーザーエクスペリエンスデザインのための情報アーキテクチャ設計』（長谷川 敦士 著／ビー・エヌ・エヌ新社 刊／ISBN978-4-86100-577-0）

3-4　UIパーツ名称と用途

- 『スマートフォンのためのUIデザイン ―ユーザー体験に大切なルールとパターン』（池田 拓司 著／SBクリエイティブ 刊／ISBN978-4-7973-7230-4）
- 『はじめてのUIデザイン 改訂版』（池田 拓司、宇野 雄、上ノ郷谷 太一、坪田 朋、元山 和之、吉竹 遼 著／Kindle版）

3-6　心理学、行動経済学

- 『インタフェースデザインの心理学 第2版』（Susan Weinschenk 著、武舎 広幸、武舎 るみ、阿部 和也 訳／オライリー・ジャパン 刊／ISBN978-4-87311-945-8）
- 『インタフェースデザインの心理学』（Susan Weinschenk 著、武舎 広幸、武舎 るみ、阿部 和也 訳／オライリー・ジャパン 刊／ISBN978-4-87311-557-3）
- 『あなたを変える行動経済学』（大竹 文雄 著／東京書籍 刊／ISBN978-4-487-81543-2）
- 『予想どおりに不合理 行動経済学が明かす「あなたがそれを選ぶわけ」』（ダン アリエリー 著、熊谷 淳子 訳／早川書房 刊／ISBN978-4-15-050391-8）
- 『情報を正しく選択するための認知バイアス事典 世界と自分の見え方を変える「60の心のクセ」のトリセツ』（情報文化研究所 著、高橋 昌一郎 監修／フォレスト出版 刊／ISBN978-4-86680-123-0）
- 『ザ・ダークパターン ユーザーの心や行動をあざむくデザイン』（仲野 佑希 著、宮田 宏美、ダークパターンJP編集部 監修／翔泳社 刊／ISBN978-4-7981-7246-0）

■ デザインシステム

4-1　デザインシステム

- 『Design Systems ―デジタルプロダクトのためのデザインシステム実践ガイド』（アラ・コルマトヴァ 著、佐藤 伸哉 監訳／ボーンデジタル 刊／ISBN978-4-86246-412-5）

4-2 タイポグラフィ

・『オンスクリーンタイポグラフィ ―事例と論説から考えるウェブの文字表現』(伊藤 庄平、佐藤 好彦、守友 彩子、桝田 草一、カワセタケヒロ、ハマダナヲミ、きむみんよん、関口 浩之、生明 義秀 著／ビー・エヌ・エヌ 刊／ ISBN978-4-8025-1207-7)

・『タイポグラフィの基礎 ―知っておきたい文字とデザインの新教養』(小宮山 博史 編／誠文堂新光社 刊／ ISBN978-4-416-61022-0)

・『書物と活字』(ヤン・チヒョルト 著／朗文堂 刊／ ISBN4-947613-46-7)

・『普及版 欧文書体百花事典』(組版工学研究会 編／朗文堂 刊／ ISBN978-4-947613-87-5)

4-3 カラー

・『色彩検定公式テキストUC級 2022改訂版』(色彩検定協会 刊／ ISBN978-4-909928-12-2)

4-4 レイアウト

・『ビジュアル・ハーモニー ―黄金比、フィボナッチ数列を取り入れた、世界のグラフィックデザイン事例集』(SendPoints 著、尾原 美保 訳／ビー・エヌ・エヌ 刊／ ISBN978-4-8025-1096-7)

4-5 アイコン

・App Icon Design Best Practices
https://discoverbigfish.com/blog/app-icon-design-best-practices.html

・The 10 Rules of App Icon Design
https://www.mobileapps.com/blog/app-icon-design

・冬のiOSアプリアイコン調査会@2019
https://note.com/ryo1117/n/n17fd1c7a7257

4-6 アクセシビリティ

・『ＵＸライティングの教科書 ユーザーの心をひきつけるマイクロコピーの書き方』(キネレット・イフラ 著、郷司 陽子 訳、仲野 佑希 監修／翔泳社 刊／ ISBN978-4-7981-6733-6)

4-7 アクセシビリティ

・『見えにくい、読みにくい「困った！」を解決するデザイン』(間嶋 沙知 著／マイナビ出版 刊／ ISBN978-4-8399-8087-0)

■ データ作成とエンジニア連携

5-1 デザインツール紹介

・ティム・ブラウン：デザイナーはもっと大きく考えるべきだ（TED）
https://youtu.be/UAinLaT42xY

・ビズリーチ、「2022レジュメ検索トレンド」を発表
https://www.bizreach.co.jp/pressroom/pressrelease/2023/0111.html

・Figmaで実践する「neccoのペアデザイン」（necco note）
https://necco.inc/note/5271

・ペアデザイン・モブデザインを導入してみませんか？品質向上やプロジェクトの効率化（Yahoo!
JAPAN Tech Blog）
https://techblog.yahoo.co.jp/entry/2022030230267417/

5-2　UIデザインデータの作り方
・『Figma for UIデザイン［日本語版対応］アプリ開発のためのデザイン、プロトタイプ、ハンドオフ』
（沢田 俊介 著／翔泳社 刊／ ISBN978-4-7981-7295-8）
・Atomic Design by Brad Frost
https://atomicdesign.bradfrost.com/
・アトミックデザイン（UX TIMES）
https://uxdaystokyo.com/articles/glossary/atomic-design/

5-3　エンジニアとの連携
・How to fix a bad user interface
https://www.scotthurff.com/posts/why-your-user-interface-is-awkward-youre-ignoring-the-ui-stack/

■ キャリアと勉強方法

6-1　キャリア
・『デザイン組織のつくりかた デザイン思考を駆動させるインハウスチームの構築＆運用ガイド』
（ピーター・メルホルツ、クリスティン・スキナー 著、安藤 貴子 訳、長谷川 敦士 監修／ビー・エヌ・
エヌ 刊／ ISBN978-4-8025-1083-7）

・スキ・キライ・得意・苦手を可視化したら、互いに成長を支え合うデザインチームができた話（宇
野雄 / note inc. CDO）
https://note.com/saladdays/n/n4a00ba6dab0b
・デザインデータブック 2022（ReDesigner Design Data Book）
https://lp.redesigner.jp/design-data-book
・デザイン人材のスキルマップ「技術マトリクス」2022年度版（株式会社コンセント）
https://www.concentinc.jp/design_research/2022/12/skill_matrix2/
・プロダクトデザイナーのスキルマップを考えてみた（長谷川恭久）
https://yasuhisa.com/could/article/product-designer-skillmap/
・User Experience Design (UXD) Competency Model: Identifying Well-Rounded Proficiency for
User Experience Designers in the Digital Age
http://aodr.org/xml/30110/30110.pdf
・Career Planning Sheet For Designers
https://redesigner.jp/

おわりに

　本書を最後まで読んでいただき、ありがとうございました。

　文章はわかりやすかったでしょうか。もし難しいと思ったのであれば、著者の力量不足です。でも、少し経験を積んだあとで、改めて読み返してみてください。きっと「そういうことだったのか！」と、理解できるようになっているはずです。

　広範なテーマについて1人で執筆することは、とてもチャレンジングな経験でした。改めて、デザイナーに求められる領域が広がっていることを感じます。全てのスキルを1人でカバーすることができないので、自分が何を勉強するべきかを選択することが非常に重要です。本書は、そのための地図になっています。

　この書籍を書き始めたきっかけは、オンラインスクールのSchooでの「UI/UXデザインのはじめ方」という授業でした。授業を見た株式会社秀和システムの西田雅典さんから声をかけていただき、企画が始動しました。したがって、本書はSchooの授業をベースにしているので、動画の授業も見ていただくと、より理解が深まり、そして楽しめるので、ぜひご覧ください。オンライン授業を企画してくださった株式会社Schooの徳田葵さん、本書を企画してくださった秀和システムの西田雅典さん、ありがとうございました。

　本書の執筆にあたり、他にも多くの方にお世話になりました。デジタルハリウッドの米倉明男先生は、書籍の枠組みのご相談に乗っていただきました。また、講師業の大先輩でもあり、尊敬しています。いつも多くの学びも与えてくれることに感謝しています。Xデザイン学校の山崎和彦先生は、デザイナーのデザインプロセスの章でアドバイスをいただきました。デザイナーの長谷川恭久さんと株式会社LegalOn Technologiesのデジタルプロダクトデザイナー矢野りんさんにもそれぞれ、書籍の項目やコンセプトについてアドバイスをいただきました。ありがとうございます。お二人とも10年以上前からの憧れで、筆者がファンだったので、本書をきっかけにしてお話できたことがとてもうれしかったです。

　キャリアの節では、株式会社グッドパッチの宮本実咲さんに、デザイナー市場のトレンドについてお話をうかがったことで、自分だけでは書けなかった、読者に有益なエッセンスをたくさん載せることができました。また、図版の利用で、note株式会社執行役員CDOの宇野雄さんと、Xデザイン学校アドバイザーの日野隆史さんに快く許諾をいただきました。ありがとうございました。

　書籍のデザインにおいては、カバーを米谷テツヤ（パス）さん、DTPを本園直美（ゲイザー）さんに制作いただきました。ありがとうございます。また、大学時代の同級生であるグラフィックデザイナーの赤山くんには、紙面デザインの相談にのっていただきました。そして、急な依頼にもかかわらず、キュートで素敵なイラストを描いてくださったイラストレーターのホリグチイツさんにも感謝しています。

　今回は、尊敬している大先輩の方々や大切な友人のみんな、そして多くの方々に協力していただきました。皆様から快くレビューやアドバイスをいただき、優しく心強く、とても感謝しています。本当にありがとうございました。

最後に、私が子供のころから常にチャレンジングな背中を見せてくれた兄2人、いつもクリエイティブなインスピレーションを与えてくれた母、そしてデザイナーになる道を応援してくれた今は亡き父に感謝します。また、長い期間に渡り、休日も嫌な顔をせずに筆者をサポートしてくれた妻と2人の子供たちにも、とても感謝しています。ありがとう。今日から普通のパパとして生活していきます。

2023年3月　本末 英樹

スペシャルサンクス
・株式会社Xデザイン研究所共同創業者CDO　山崎和彦さん
・デジタルハリウッド講師　米倉明男さん
・株式会社グッドパッチ　宮本実咲さん
・長谷川恭久さん
・株式会社LegalOn Technologies デジタルプロダクトデザイナー　矢野りんさん
・株式会社Schoo 徳田葵さん & Schoo受講生の皆さん
・note株式会社 執行役員 CDO宇野雄さん
・Xデザイン学校アドバイザー　日野隆史さん
・株式会社フライヤー　池田友美さん
・有限会社オフィス・ティ デザイナー　赤山朝郎さん
・イラストレーター　ホリグチイツさん

レビュー協力者
・デジタルハリウッドの仲間フッキーさん、村田さん
・C Channel 元同僚のふーさん、山ちゃん、あきよさん
・flier 同僚の筒井さん、上利さん、柚賀さん、森さん
・Xデザイン学校同期の久野さん、三澤さん
・朗文堂新宿私塾同期の時盛さん

●著者プロフィール

本末 英樹（もとすえひでき）

デジタルプロダクトデザイナーとして、Webサイトやモバイルアプリを含むサービス全体のUX設計とUIデザインを行う。 Adobe MAXやデジタルハリウッド、Schooなどで講師も務める通称「オロちゃん先生」。Web制作会社とフリーランスを経て、2017年7月にC Channel株式会社入社。2021年5月より株式会社フライヤーにデジタルプロダクトデザイナーとしてジョイン。共著に『絵で見てわかるWebアプリ開発の仕組み』（翔泳社 刊）がある。大阪成蹊大学芸術学部卒、朗文堂・新宿私塾第27期修了、Xデザイン学校2021年マスターコース卒、人間中心設計スペシャリスト、グロービス経営大学院在学中。
Twitter：@oronain
Web：oronain.com

カバーデザイン：米谷 テツヤ（パス）
イラストレーション：ホリグチイツ
DTP：本薗 直美（ゲイザー）

現場のプロがわかりやすく教える
UI/UXデザイナー養成講座

| 発行日 | 2023年 4月14日 | 第1版第1刷 |
| | 2024年 6月 3日 | 第1版第3刷 |

著　者　本末 英樹

発行者　斉藤　和邦
発行所　株式会社　秀和システム
　　　　〒135-0016
　　　　東京都江東区東陽2-4-2　新宮ビル2F
　　　　Tel 03-6264-3105（販売）Fax 03-6264-3094
印刷所　三松堂印刷株式会社

©2023 MOTOSUE Hideki　　　　　　　　Printed in Japan

ISBN978-4-7980-6873-2 C3055